面包

（日）吉野精一 著

于春佳 译

煤炭工业出版社

·北京·

序

自日本柴田书店出版《面包制作技巧中的科学》一书以来，已过去十多年了。在此期间，日本的面包市场迅速发展起来，涌现出了一大批面包制造企业，街边也出现了各式各样的面包店、烘焙房。日本每年仅面包的销售金额就能达到约14000亿日元，用于面包生产的面粉也达到120万吨。现在的日本俨然成为世界上屈指可数的面包消费大国，其面包生产种类之多为世界少有。与此同时，日本的面包制造技术和制造工艺也急速发展，处于世界领先水平。

以前，各种面包店多分布在中心城市较为繁华的街道，但近几年来，随着这一行业的不断发展，各式面包店遍布城市的大街小巷，一些名店更是将分店开遍整座城市。随着面包从业者、面包师理论知识的不断积累和技艺的不断提高，面包制作技术也日益精湛。职业面包师以其独特的职业感受，不断推陈出新，使近几年的面包花样不断翻新，陈列在橱窗中的面包种类繁多，可谓是琳琅满目。面包的消费群里以30岁左右的年轻人为主。

说到如今面包行业的发展，职业面包师自然功不可没，但面包制作素材的不断改善也是不可忽略的重要因素。面包师在日常的实践中不断摸索，引进新食材、改良旧辅料、开发新食材，为制作出味道可口的面包着实下足了工夫。比如，人们从法国等欧洲国家进口正宗欧洲面粉；改良产自北海道和九州岛的日本面粉；通过开发精细制面技术，用大米、硬粒小麦和玉米等谷物磨制出谷物面粉等。选用的酵母也在不断发展，高活性干酵母的不断改进自不必说，人们还研制出可冷藏和冷冻的鲜酵母、半干酵母等。面包用水选用的是产自欧洲各地的天然矿泉水。食盐的种类也是多种多样，有日本产的海盐，也有产自世界其他地方的岩盐等。在其他辅料方面，其质量之高也是欧美国家所无法匹敌的。

正如前面提到的那样，正是由于科学、技术以及食材三方面的发展才使得日本的面包行业不断发展，制作出各种充满日本风味的面包。从这个意义上看，可以说21世纪是日本面包市场乃至面包行业的成长期和发展成熟期。正是科学、技术的日新月异，才使得面包制作理论也不断进步，其中有一些不变的普遍常识，也有一些不断改进的变化。如今看来，如何去理解"什么是面包制作"这一命题就显得尤为重要。

这次，能够有机会再次执笔，编写《面包》，我感到十分荣幸。希望本书能够为各位读者提供些许的帮助，能够为从事面包制作工作的人们以及面包烘焙爱好者提供些许理论和实践上的指导。本书能够得到大家的喜爱，是我殷切期盼之事。

最后，本书得以出版、发行，还得益于众多各界人士的帮忙，在此表示感谢。感谢为本书拍摄出众多精美图片的摄影师塔卡（Elephan·taka）先生，为本书插图进行通俗易懂解释的梶原绫华女士，还有从本书的策划到编辑给予各种热心帮助和支持的柴田书店图书编辑部的美浓越熏女士，辻制面包师专业学校校长梶原庆春教授以及担任面包制作的该校面包制作人员等。此外，对书中面包制作流程部分从撰写原稿到为大量原稿和插图的编辑、校对工作提供帮助的辻静雄料理教育研究所的近藤乃里子女士也一并表示感谢。

吉野精一

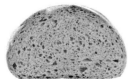
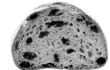
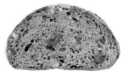

6 模具面包

7 多层面包

8 油炸面包

9 特殊面包

10 酸味面包

11 自家发酵面包

staff

摄影：Elephant・Taka

插图：Ayaka Kajihara

设计：Hideko Tsutsui / Miwako Hinata

编辑：Kaoru Minokoshi

阅读本书之前

· 本书中使用的制作机器主要有：

　自动螺旋式搅拌机：1挡90转/分、2挡180转/分

　立式搅拌机：1挡77转/分、2挡133转/分、3挡187转/分、4挡265转/分

　烤箱：上火、下火直下，电蒸汽两面用型

　面包醒发箱：带有温度控制装置

· 面包面团用食盐均采用氯化钠含量95%以上的食盐。

· 在没有特殊标记的情况下，砂糖均采用颗粒较小的细砂糖。

· 黄油选用无盐型黄油。

· 在制作面包的时候食材的准备工作和一些基本操作是必须的。但是，有的食谱和做法没有特别标出。在没有特别标注的情况下，您只需按照基本操作方法进行操作即可。这一点在本书第二章"面包制作的基本技术"中会有非常详细的解释，请参照该部分。此外，面包制作流程中面团的排气和滚圆步骤在第二章"面包制作的基本技术"中也有详细的介绍，请查看该部分解说。

· 本书中所使用的面包制作食材和机器，请参照236页的"本书中使用的主要食材"和240页的"制作面包时用到的机器"。

· 本书中介绍的面包制作食材、分量、烘焙时间、所需温度、机器、工具等均作为参考，可根据个人需求酌情调整。

面包制作用语解说

基本原料、辅助原料

面包制作中使用的基本原料为面粉、酵母、水和食盐四类。辅助原料是指为面包增添甜味或风味、为制作出更加精美造型而添加的糖类、油脂、奶制品和鸡蛋等。

面包心

面包心是指面包内侧较为柔软的部分。

面包皮

面包皮是指面包外面较硬的外皮。

发酵效果

发酵效果表示面包横切面中气孔状态（气孔可以展示出面包的发酵效果），气孔较小、密实且排列较为整齐就说明面团的发酵较为充分。

无脂

无脂是用料较少、不含脂肪的意思。无脂面包是指用料为基本原料，不含其他辅料，较为简单的面包种类。

全脂

全脂是营养较为丰富的意思。全脂面包是指除使用基本原料外，还加入许多种辅料的面包种类。

硬面包

硬面包多为无脂或少脂面包，是指烤制之后面粉自身的香味充分散发出来或者通过发酵呈现各种风味的面包种类。硬面包除了指面包皮较硬、面包心较有咬劲的面包类型外，还单指面包皮较硬的面包。

软面包

软面包多为全脂面包。软面包一般指面包皮和面包心都较为柔软的面包类型，由于面包中添加了各种辅料，面包大多较为膨松、柔软。

调面用水

调面用水是指加到面粉中进行搅拌、将面粉调成面团时用的水。

硬度调整用水

硬度调整用水是指揉好面团后对面团的软硬程度进行调整时用的水。面团硬度调整用水是从调面用水中留出的。

延长性、延展性

延长性、延展性用来描述面团的性质，是指面团向施加力量的方向伸长、扩展的性质，也是与面团弹性相对应的性质。

面团黏合性

面团黏合性是指经过3次搅拌之后面团仍然能够形成网膜状构造的性质。

抗张力

抗张力用来描述面团性质，是指面团自身具有的抗拉性。

面包百分比

面包百分比是指选用的面包制作食材用百分比表示的方法。但是，面包百分比与一般的百分比不同，是将面粉的用量当做1，然后根据各种食材的用量与面粉用量的比算出其余食材的百分比。在选用面引子（发酵面团）进行发酵时，一般是将面引子与面粉之和算作1，但也存在例外的情况。

pH值（酸碱度）

pH值表示的是每1L液体中所含有的氢离子浓度。pH值通常用数字0～14来表示，7表示的是中性，7以下为酸性，7以上为碱性。即以7为界，数字越接近0，溶液中氢离子的浓度就越高，酸性也越高；数字越接近14，溶液中氢离子的浓度越低，碱性也越高。

水的硬度

水的硬度是指水中含有的钙离子和镁离子浓度的总和，用mg/L表示。一般来说，水中矿物质含量较多的为硬水，含量较少的为软水。水的硬度不仅对人的身体有很大影响，对食物和食品的口味和风味也有影响。通常，硬度为0mg/L的水为纯水，0～60mg/L的为软水，60～120mg/L的为软化水，120～180mg/L的为硬水，超过180mg/L的为超硬水。

制作面包时用水的硬度通常为100mg/L。

求恰当水温的计算公式

一般来说，揉面团时所需要的温度是按照以下公式进行计算的：

搅拌后面团的温度=（面粉的温度+水温+室温）÷3+摩擦时面团升高的温度（通常为6～7℃）

将上面公式用来求水温时变为：

水温=（搅拌后面团的温度−摩擦时面团上升的温度）×3−（面粉温度+室温）

用这一公式求出的水温只是一个大体的标准。实际操作时根据搅拌机和面粉的种类、用量等的不同，面团的搅拌温度也会呈现一定的差异。建议您将每次测量好的数据记录下来，经过积累，就能总结规律把握好温度了。

模具面团的比容

模具面团的比容是将面团放入模具中进行烘烤时的用语，表示将多大的面团放入模具进行烤制，才能得到所需的面包造型。它是将模具的容积除以放入模具中面团的重量得到的。

模具面团的比容=模具的容积（mL）÷面团的重量（g）

要想将模具的容积较为准确地计算出来，就要将模具灌满水，然后将水倒入量杯或者秤盘里称量计算出来（因水密度为1g/mL，故用秤的时候要按照1g=1mL进行换算）。如果模具漏水，先用胶带将模具漏水处黏贴住再进行测量。

面包的比容

面包比容表示一定重量的面团在制成面包后的膨胀程度。面包的比容是用烤后面包的体积除以面团的重量得到的。

面包的比容（mL/g）=面包的体积（mL）÷面团的重量（g）

上式表示的是1g面团能膨胀成多大体积（mL）。比容的数值越大就表示面包的发酵程度越高、膨胀率越大，面包的口感也就越松软。但是，想要准确测量出面包的体积也是十分困难的，本书中没有给出具体方法。另外，面包的比容容易与模具面团的比容混淆，请区分清楚。

1

面包制作的基础理论

制作面包的食材及其作用

数千年前，人们将小麦粉或大麦粉加水揉和成面团烤制成薄饼，这就是面包的雏形。后来，人们在薄饼的基础上，加入啤酒发酵压榨后的发酵液将面团发酵，发明了发酵面包。为使发酵面包更加美味，人们又加入蜂蜜、羊奶和磨碎的岩盐等。讲述面包的发展历史，我们就要从制作面包的原料或食材说起。

如今，面粉、酵母、水和食盐是制作面包必不可少的食材，有了这4种主料我们才能做出美味的发酵面包。此外，想要面包更加美味，就要向面团中加入砂糖、油脂、乳制品和鸡蛋四类食材，这些食材作为辅助食料可以使面团发生各种变化，为面包增添特殊的口感。也就是说，正是这些食材的存在才使面包从硬邦邦、干巴巴变得膨松、柔软；也正是这些食材的加入才使面包的种类更加多样化。

加入各种食材后的面包营养丰富，主要含有三大营养素（碳水化合物、蛋白质和脂肪）以及维生素、矿物质和纤维质等。

本章中，我们按照4种基本食材、5种辅助食材，以及其他食材的顺序，向大家阐述各种食材的种类以及不同食材在面包制作过程中的作用。

1.面粉

现在，日本用于制作面包的小麦绝大部分是从美国和加拿大进口的。进口的小麦在面粉加工厂磨制成面粉，作为面包专用面粉在市场上销售。

·高筋面

一般来说，小麦中蛋白质含量为11.5%~14.5%、矿物质含量为0.35%~0.45%的面粉被称为高筋面，可以用来制作以主食面包为主的各种面包。在面粉的制作过程中，高筋面里掺入了蛋白质含量较高的硬质小麦，因而面粉中面筋的弹性较大、吸水力也较强，适合较大强度和较长时间的搅拌，对面包形状有很高要求时可以选用此种面粉。

·法式面包专用粉

一般来说，小麦中蛋白质含量为11.0%~12.5%、矿物质含量为0.4%~0.55%的面粉被称为法式面包专用粉（法式面包用粉），可以用来制作以法式面包为主的各种硬质或半硬质面包。为了做出地道的法式面包，这种面粉以法国55型面粉（矿物质含量为0.50%~0.60%）为标准，将硬质小麦和半硬质小麦混合在一起磨制而成。法式面包专用粉属于高筋面的一种，不仅制作面包时各种性能比较高，其风味和口感也比较独特。

·低筋面

一般来说，小麦中蛋白质含量为6.5%~8.5%、矿物质含量为0.3%~0.4%的面粉被称为低筋面，主要用来制作各式点心。用低筋面制作面包时，主要用于制作较为柔软的点心面包或者面包圈等口感较为柔软的糕点。使用方法是在和面的时候添加适量低筋面与其他面粉混合用。

·全麦粉

全麦粉是将整个小麦粒粗磨之后制成的面粉。由于面粉中含有麦麸及小麦胚乳、胚芽等，与普通面粉相比，全麦粉中的矿物质含量更高。主要用于对面包的口感和风味有较高要求时，制作以全麦面包或者黑面包为主的硬质和半硬质面包。使用时只需将适量全麦粉与其他面粉混合即可。

面粉的作用

①小麦中特有的蛋白质（麦谷蛋白和麦胶蛋白）与水混合时，用力搅拌就能产生面筋。面筋在经过加热之后发生凝固、固化，像柱子支撑起整个建筑物似地成为面包的骨架。

②小麦中的淀粉吸收水分之后变得膨润、糊化，在加热的过程中淀粉发生凝固、固化，成为填补建筑物中柱子与柱子之间空隙的墙壁。这样，一个完整的面包就制作出来了。

2.黑麦粉

在北欧和俄罗斯广泛种植的黑麦，是一种具有独特风味的谷物。黑麦中含有的蛋白质在与水搅拌的过程中不能形成面筋，因此黑麦面包是通过加入生酵母发酵出酸味这一特殊方法制作而成。在制作其他硬质和半硬质面包时，可将适量黑麦粉添加到其他面粉中搭配使用。

3.酵母

可以说，酵母是与面团的发酵、膨胀有着直接关系的重要食材。酵母通过发酵产生二氧化碳气体，使面团不断膨胀，发酵过程中产生的酒精和有机酸又为面包增添一种特殊的风味。最近，人们还开发出可以冷冻保存的半干酵母等新产品，使酵母的种类更加多元化。另外，根据制作面包的种类和制作方法的不同，选用的酵母种类和酵母的添加量也会有很大差异，在选用的时候需要多加注意。

·鲜酵母

鲜酵母是使用最广泛的一种酵母。鲜酵母具有很强的渗透耐压性，即使面团中的蔗糖含量很高，其细胞结构也不易被破坏，适合用于点心面包等较为柔软的面包。鲜酵母是将酵母菌的培养液脱水后制成的，在冷藏状态下酵母菌也能存活。鲜酵母从制造日期起可冷冻保存约1个月，开封后请尽快使用。每1g鲜酵母含有大约100亿个以上的酵母菌。

·干酵母

一种渗透耐压性较弱的酵母类型，在发酵的过程中能够产生一种独特的香味，适合用来制作法式面包等较硬的面包。干酵母是将酵母菌培养液经低温干燥处理后，将其加工成颗粒状的酵母而成的，可罐装密封，常温保存。未开封时保质期约为2年，开封后要放置于阴凉处并尽快使用。

使用干酵母时需要进行预备发酵的过程。先准备好约为酵母重量5倍的温水（约40℃）和约1/5的砂糖，将砂糖放入温水中溶解，然后将干酵母倒入温水中稍微搅拌一下，搅拌之后将其放置10～15分钟自然发酵。酵母发酵完搅拌一下，就可以使用了。

·即发高活性酵母（即发高活性干酵母）

这是一种将酵母菌培养液经低温干燥处理后制成的颗粒状酵母。高活性酵母一般密封于真空袋中常温保存。未开封时的保质期为2年左右，开封后需要密封、冷藏保存，尽快使用。

使用高活性酵母时，即使使用鲜酵母一半以下的用量也能与其拥有同样的发酵活性。可以将其溶于水后使用，也可直接混入面粉中使用。高活性干酵母分无糖面团用和有糖面团用，可用于制作各种类型的面包。

酵母的作用

① 酵母可以将面团中的糖分分解出酒精。发酵过程中产生的二氧化碳气体可以使面团变得膨松。

② 酵母将面团中的糖分分解时，能够产生乙醇（一种芳香性物质），为面包增添一种特殊的香味。

4.水

考虑到成本问题，制作面包时使用的水一般为自来水。在需要注意水的味道和硬度时，可以选用净化水或矿泉水等。若所用自来水为软水，可以在水中添加少量碳酸钙等水质改良剂，将水的硬度提高，从而增强面团的弹力。若所在地区水质偏硬就无需作此处理。

水的作用

① 小麦中的蛋白质吸收水分后会变成面筋。

② 加热时，水分会被淀粉吸收，促进淀粉变成糊状。

③ 将水溶性食材溶解变成结合水，结合水附着在面筋和淀粉上，从而保持面包的湿度。

5.食盐

因为精制盐的纯度比较稳定，面包中使用的食盐一般为氯化钠含量在95%以上的精制盐。如果对食盐的咸度和风味有特殊要求，可以选用海盐或者岩盐。但是，这两类食盐含有一定的矿物质，在改善面包风味的同时，增添咸味的氯化钠含量不是那么稳定，使用的时候需要注意。在确定好盐中所含物质后，再决定其用量。

食盐的作用

① 为面包增添咸味。

② 会对面团中的面筋起作用，在减少面筋发黏情况发生的同时，增加面团的弹性。

③ 对酵母菌等各种微生物具有一定的抗菌作用，成为面团发酵的天然控制器。

6.砂糖

在世界范围内，一提到砂糖多数情况是指细砂糖，在糕点界和面包界也同样如此。但是，在日本，砂糖被叫做绵白糖，是含有加入转化糖的特殊蔗糖。在做日本料理和日式点心的时候一般选用绵白糖，制作西点的时候要用细砂糖，请注意区分使用。一般情况下，制作主食面包的时候要选用细砂糖，制作点心面包时会选用绵白糖。

其他糖类还有红糖、红砂糖等。根据制作面包的种类，有时候还会选用蜂蜜、槭糖浆、一般糖浆等液糖。

·细砂糖

细砂糖是从高纯度糖汁中提炼出的白色粒状晶体，颗粒较细，具有蔗糖含量较高、易溶于水的特点。

·绵白糖

含有转化糖的绵白糖比细砂糖甜度更大、味道更浓，因含一定水分，较为黏糊。在制作含有氨基酸的点心和面包时，绵白糖中含有的转化糖经加热后会发生美拉德反应而变为褐色，因此，与细砂糖相比，绵白糖更容易使面包上色。

砂糖的作用
①为面包增添甜味。
②砂糖中的蔗糖在酶的作用下被分解成单糖类的葡萄糖和果糖，这些单糖类可以为酵母菌的发酵提供一定的营养来源。
③糖类在加热的过程中会发生焦糖化（炭化）反应，为面包的上色提供很大的帮助。

7.油脂

以黄油、人造黄油和起酥油为代表的固态油脂因其具有很强的可塑性，十分适合用于面包的制作。根据制作面包种类的不同，有时候也会选用橄榄油、色拉油等液态油脂。

·黄油

黄油是用牛奶加工而成的食用油脂，属于一种奶制品。一般来说，黄油是将牛奶中的乳脂通过凝缩加工而成的，其中乳脂的含量要在80%以上，水分含量要在17%以下。黄油在加热的过程中会产生独特的风味，使面包具有独特的口感。

·人造黄油

人造黄油是以植物性、动物性油脂为原料，通过添加各种调味料加工成的固态食用油脂。人造黄油通常用来替代价格较为昂贵的天然黄油。虽然其味道和风味不及天然黄油，但其油脂含有量一般在80%以上，因可塑性很强而被广泛用于面包的制作。

·起酥油

起酥油是将动、植物油脂经精加工、硬化处理之后制成的无色、无味、无臭的食用油脂，通常是被当做猪油的替代品而广泛使用。因其不含水分、油脂含有量能达到100%的特点，常用来制作面包。用起酥油制作出来的面包口感酥脆，十分美味。

油脂的作用
①给面包带来独特口感和风味。
②油脂能够将面团中的面筋包裹起来，增强面团的可塑性和延展性。
③黄油等含有的维生素A能够改善面包的色泽和味道。
④油脂能够延缓面包的硬化速度。

8.奶制品

奶制品是改善面包风味和烧制颜色必不可少的食材之一。一般情况下，用于制作面包的乳制品多为脱脂奶粉，但根据制作面包种类的不同，可以选用牛奶、生奶油、酸奶和奶酪等奶制品。

·脱脂奶粉

脱脂奶粉是将鲜牛奶脱去脂肪后干燥制成的粉末状乳制品。牛奶中含有的乳蛋白和乳糖经加热后，各自发生美拉德反应和焦化反应，除了能让面包的颜色更加鲜艳外，还能产生独特的香甜口感，增添面包的香味。脱脂奶粉中的乳蛋白和乳糖是经过浓缩的，在添加的时候其用量要比鲜牛奶少许多，在简便性方面更胜鲜牛奶一筹。此外，由于脱脂奶粉中除去了鲜奶中含有的脂肪，不必担心油脂酸化、腐败问题的发生，不但可以长期保存，价格还较为便宜。

奶制品的作用
①为面包增添淡淡的奶香味。
②乳制品中含有的乳糖虽然不能为酵母菌的发酵提供营养来源，但却以糖的形式存在于面团之中，能够使烤制后的面包颜色更加鲜艳。

9.鸡蛋

在面包制作的过程中，鸡蛋是一种作用巨大的重要食材。蛋黄除了能够改善面团的味道和风味、增强面包的造型感和口感、改善面包皮和面包心的颜色之外，还可以将油脂的作用发挥到极致。具体说来，首先，蛋黄浓烈、醇厚的味道能够为面包增添可口的风味；第二，蛋黄中含有的卵磷脂可以变成天然的乳化剂，在将面团中的水和油脂乳化的同时，让面团变得光滑、细腻。这样，面团的延展性就得以改善，面包的造型感也得以提升，面团的口感也更佳酥脆、可口。最后，蛋黄中所含有的胡萝卜素的黄、橙色色素，能够改善面包的色泽，使面包看上去更加诱人。

鸡蛋的作用
①为面包带来独特的醇香风味。
②蛋黄中含有的胡萝卜素（色素）能够使面包呈现诱人的金黄色。
③蛋黄中所含有的卵磷脂（乳化剂）能够加速食材的乳化过程，使面团的质地变得柔软，增强面包的造型感和口感。

10.其他食材

·麦芽提取物

麦芽提取物虽然不属于面包制作的主要食料和辅助食料，但却是面包制作过程中必不可少的重要食材。麦芽提取物是将发芽的大麦煮后提取出麦芽糖（双糖类）经浓缩而制成的提取液，也被叫做麦芽糖浆。

麦芽提取物的主要成分是麦芽糖，也含有β–淀粉酶的淀粉分解酶。一般用于制作法式面包等不加砂糖的无脂面包，添加量为面粉总重量的0.2%～0.5%。

麦芽提取物的作用

①不加入砂糖的面团在烤制的时候成色比较难看，添加麦芽糖之后，就能改善面团在烤制阶段的颜色。
②麦芽提取物中含有的β–淀粉酶能够将淀粉分解成麦芽糖，这样，在制作面包最初阶段，面团中麦芽糖的含量就大大提高，有利于之后的制作。
③麦芽糖在酵母中含有的麦芽糖酶（麦芽糖分解酶）的作用下被分解成葡萄糖（单糖类），为酵母菌的发酵提供营养来源，有利于发酵过程的顺利进行。

·面包改良剂

本书中制作的面包都没有使用面包改良剂，但在一般情况下，改良剂被广泛使用，在这里做一下大体介绍。

面包改良剂是为制作出优质、美味面包而开发出的食品添加剂（添加物）的总称。1913年美国的弗莱施曼（Fleishman）公司首次研制出生面团改良剂（dough-improver）。当时主要是为了在揉面的过程中改善水质，从而提高面团的弹性和伸展力。面包改良剂一般也叫做生面团改良剂、发酵食物改良剂等，是一种具有多种功能和作用的混合物。从1950年开始，一些大型面包制作商率先使用了面包改良剂，随后众多面包制作业者也开始使用。面包改良剂主要有以下几种：

为酵母提供营养类

酵母营养剂（铵盐等）：促进酵母的活性和发酵的进行。

改善水质类

水质改良剂（钙盐等）：通过对水硬度的调节来改善面团的弹性和延展性。

改善面团性质类

酸化剂（维生素C、L-抗坏血酸等）：通过促进面团中的酸化反应从而加强面筋的性能。
还原剂（L-胱氨酸等）：通过促进面团的还原反应，从而加强面团的延展性。
填充剂（I-胱氨酸等）：通过增强面团的密度，从而使团中含有适量的空气。

面包的制作工序

制作面包有很多的工序，但是，实际制作过程中除了制作工序本身外，还包括各工序之间停顿的时间。虽然面包的种类很多，但是对面团的制作工序却是大同小异。

大体说来，面包的制作工序有面团的搅拌、面团的发酵管理及其流程、面团的烤制三部分。本书主要是从面团的搅拌到烤制，按照一定的先后顺序进行讲解。

1.搅拌

搅拌是指将面粉等制作面团的食料放入搅拌器中，利用连接在搅拌器上旋转手臂的转动，将食材搅拌在一起，制作成面团的过程。根据面团的搅拌情况分为以下4个阶段：

〈第一阶段〉食材的混合
将制作面团的各种食材搅拌均匀，使其均匀分布。将砂糖、食盐等溶解后附着在面粉上。
〈第二阶段〉加水和面
水被面粉吸收后就变成结合水，同时也吸附其他食材。
〈第三阶段〉面筋组织的形成
随着搅拌的进行，面筋组织也慢慢形成了。
〈第四阶段〉面团的完成
当面筋组织形成之后，随着面团酸化过程的进行，面团就完成了。

2.发酵

发酵是指将搅拌之后形成的面团发酵、使其膨胀的过程。在这个过程中，面团中的酵母在适宜的温度条件下开始发酵，变得活跃，将面团中含有的碳水化合物分解成酒精并释放出二氧化碳。二氧化碳能够保持面团中的面筋组织不被破坏。随着气体的不断生成，面筋也不断被抻长，面团也就膨胀起来了。这一过程在面包制作中被称作"面团的发酵"。另外，在发酵的过程中除会生成二氧化碳外，还能生成乙醇和有机酸等化合物，这些物质都能为面包增添不同的风味，使面包更加美味。

在种种发酵法中，这一阶段一般情况下被称为"地板发酵时间"（floor time）。floor是英语单词"地板"的意思，据说很久以前，人们喜欢把拌面和发酵用的木桶放在地上，面团的醒发也是放在地上进行的，因此面团发酵的时间也被叫做"地板发酵时间"。

3.拍打面团（面团的排气）

面团的排气是指为将发酵过程中面团中充满的二氧化碳释放出来，通过对发酵、膨胀后面团的拍打、卷折使松弛的面团再次变紧的过程。根据面团的特点，拍打的力度也需要有所调整。

揉过之后的面团一定要进行再次发酵。有时，人们会将排气之前和排气之后的发酵分别叫做一次发酵和二次发酵（或者前发酵和后发酵），但在本书中统一称为发酵。

排气的目的
①将面团中的二氧化碳排出，揉进新的空气，促进酵母继续进行发酵。
②通过给膨胀后松弛的面筋组织施加压力，使其更加劲道。

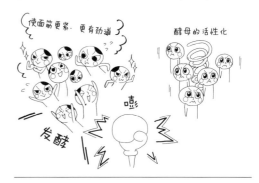

4.分割、滚圆

分割是指将发酵后的面团按照一定的重量分割成所需重量的小面团的步骤。滚圆是指将分割好的小面团搓圆，通过卷折将面团揉成球形，使面团外表形成一层光滑表皮的步骤。

一般情况下，面团分割之后就要进行滚圆的操作，但是根据面团和面包种类的不同，面团滚圆的强弱和形状也会有所差异。滚圆是为了改善成型时面团的状态而进行的操作，是为了使面团表面的面筋组织更加紧实，使面团向任何方向都有一定的伸缩性。

面团的滚圆过程最重要的是要迅速地将分割好

| 分割后的面团 | 滚圆后的面团 |

的小面团揉成适当大小，这一过程手的拍打技巧也很重要。要把面团揉成球形的原因是，球形在最后成型时的通用性比较高，可以轻松变成各种形状。但是，在制作细长长棍面包的时候，施加在面团上的力量要小些，可以将其折叠成长方体，这时对面团一定要朝一个方向施加力量，这样做出的面包才会更美味。

5.中间醒发（bench time）

中间醒发是指将滚圆后的面团放置，使其恢复自身的柔软性和延展性的这段时间。之所以要对面团醒发，是由于滚圆后面团中面筋组织的弹性和恢复力都比较强，比较难以成型，停顿一定的时间让面团发酵，使变紧实的面筋组织再次松弛，这样面团就能恢复其柔软性和延展性了。醒发之后的面团比之前的大了一些，就是因为在这个过程中面团发酵，膨胀起来了。

bench是英语单词"工作台"的意思。很久以前，面包师傅将面团分割、滚圆之后，直接将面团放在工作台旁边醒发，因此，后来人们就将滚圆和成型之间的步骤称为"bench time"。

6.成型

成型是指将醒发后的面团揉成各种所需形状的过程。一般来说，基本的形状有球形、椭圆形、棒状、片状以及夹心形等，根据烤好后面包的风味和口感，您可以决定将面包做成什么形状。面团成型之后，可以将其直接放到烤盘上，也可以放到面包模子里。直接烤制（将面包直接放入烤箱进行烤制）的时候，可以将成型后的面团放到白布上面，也可以直接将其放入发酵箱中发酵。

7.最终发酵

最终发酵是指对成型后的面团最后发酵的过程。在面包烤制之前，把握好面团的发酵状态就显得尤为重要。如果最终发酵不充分，面团在烤制过

程中就不会膨胀成所需形状；过度发酵又会使面团失去原有形状，变得不美观。如果发酵过度使面团超越其应有的延展性，面团就会失去包裹住气体的能力，导致气体泄漏，从而使面团软塌塌，这就是我们平常所说的面团"塌了"。

8. 放入烤箱

放入烤箱是指将经过最后发酵的面团放入烤箱内的操作步骤。为使烤制出来的面包具有一定的光泽，更加美观，可以在面包表面适量涂抹蛋液或者划上花纹等。这些步骤都是在这个阶段需要完成的。

9.烘烤

烘烤是指将面团放入烤箱中，将其烤制成面包的过程。根据面包形状、重量以及面团种类等的不同，烘烤条件（时间、温度）也会呈现一定的变化。一般情况下，面包的烘烤温度为180～240℃，烘烤时间为10～15分钟。

10.出炉

出炉是指将烘烤好的面包从烤箱中取出的操作步骤。烤好的面包一定要尽快从烤箱中取出，将其放于冷却装置上。如果长时间放在烤盘上，面包的底部和烤盘中间就会有蒸汽积聚，使面包底部变湿，发生泡涨情况，影响面包的美观。主食面包等用模具烤制的面包，在出炉后一定要先击打几下模具，这样面包就很容易与模具分开了，然后将从模具中取出的面包移到冷却装置上，防止面包粘连模具的情况发生（P51）。

11.冷却

将烤好的面包放在冷却装置上之后，要使其先在常温下自然散热，这样面包皮和面包心才能保持一种较为美观、稳定的状态。在这段时间里，面包中多余的水蒸气和酒精等被面包释放出来，这对于面包的美味来说是很必要的一步。一般来说，常温冷却的时间，小型面包为20分钟左右，大型面包为1小时左右。

搅拌的要领

在面包的制作过程中，将制作面包的各种食材混合在一起揉和成面团的搅拌步骤，可以说是能够左右制作出来的面包口味和形状的重要一步。但是，根据面包的种类、制作方法以及配料的不同，搅拌过程中面团的状态也会有所差异，搅拌出来的面团也会有所不同。也就是说，根据制作面包种类的不同，对面团恰到好处的揉和以及搅拌是很有必要的。

1.加入面团硬度调整水的时机

有时候，即使使用相同分量的相同食材，最终搅拌出面团的软硬程度也会有所差异。因此，我们有必要在和面的时候，从和面水中取出一部分备用。在面团搅拌的过程中，可以根据面团的状态，适当加水，对面团的硬度进行调整。这个过程中，事先取出的水就叫做调整水。

面团的搅拌过程中，加入调整水的时机（基本是在搅拌之前进行）如下：

① 食材混合完成之前。
② 面筋形成的初期阶段。
③ 面团吸收完水（水分被面粉吸收）之前。

总之，调整水尽量在较早的时候就添加到面团里，最重要的一点是要使水分被面粉的蛋白质吸收，形成面筋。

2.加入油脂的时机

如果在搅拌中途将油脂加入，面团容易发生乳化现象，较易渗透。一般在以下情况下加入（以搅拌中间为基准）：

① 面粉中的蛋白质吸收了大部分水分，面团快将加入的水吸收完时。
② 大部分面筋已经形成时。

3.不同面团的搅拌过程

这里以较硬无脂面团、柔软含脂面团以及两者中间类型面团为例，并结合图片，将面团的搅拌过程做一个详细解说。通过对不同面团的掌握，从而对面团的搅拌有一个初步了解。另外，对于面团状态的确认方法，以前都是将其尽量拉抻抻薄的方法，这里我们有时候会采取将其故意扯破的方法。检验时面团的厚度以及扯破的方法请参照具体操作方法。

〈条件设定〉

· 立式搅拌机每分钟的转数：1挡77转、2挡133转、3挡187转、4挡256转。
· 自动螺旋式搅拌机每分钟的转数：1挡90转、2挡180转。
· 面粉用量：准备约3kg。

1）较硬无脂面团

面包类型：老式面包（直接发酵法）
选用搅拌机：自动螺旋式搅拌机

老式面包作为较硬面包的代表，可以说是面包中食材搭配最少的面包种类了。面包基本上是用面粉、酵母、水和盐制作而成，因此面粉就能充分吸收酵母溶液（将酵母放入水中溶解的溶液），发酵较为充分。由于面团没有加入砂糖、油脂、奶制品等辅料，阻碍面粉吸收水分、与水分结合的因素就变少了。因此，这种面团具有以下几种特征：

① 由于面粉中蛋白质（麦谷蛋白、麦胶蛋白）吸收水分的速度较快，面筋的形成速度也较快。
② 由于面团中只加入很少的辅料，包裹住面粉颗粒的水分就比较多，在烘烤的时候面粉就能迅速膨胀。
③ 由于面团中几乎不含有砂糖等辅料，面团中蔗糖含量较低，酵母的活性就较强。

采用直接发酵法搅拌老式面包的面团时，由于面团做好后的发酵时间较长，面团是在发酵过程中通过酸化反应促进面筋的形成，通过发酵后的拍打来加强面筋纤维的强度，因此，搅拌面团时要注意度的把握，它比一般面团搅拌时间要短些，差不多搅拌完成即可，切勿搅拌过度。

〈第一阶段〉食材的混合

用搅拌机1挡搅拌1分钟，形成面团大体形状。虽然此时面团中的面粉、水、酵母、食盐等都均匀分布，但搅拌好的面团仍是黏糊糊的，用力一拉就会断开。在这一阶段里，水的主要作用就是将分散在面粉中的食盐和酵母颗粒溶解。这时，虽然面粉中含有的蛋白质已经吸收了足够的水分，但是还未形成面筋组织，因此面团缺乏弹性和延展性。

〈第二阶段〉面粉的吸水过程

　　用搅拌机1挡搅拌2分钟（共计3分钟），使面团中的各种食材充分混合，形成较为均匀的混合物。此时，大部分水分已经被面粉吸收，但是面团表面仍然较为湿润、黏糊。这时，面团就开始形成面筋组织了，面团开始具有一定的弹性和延展性。

〈第三阶段〉面筋组织的形成

　　用搅拌机1挡搅拌3分钟（共计6分钟），此时面团的搅拌就完成七八成了。这时候的面团将水分已完全吸收掉，表面也不再黏糊，而是变得光滑、富有弹性。面筋已经形成，面团具有更强的弹性和延展性，形成较薄的网膜状组织。

〈第四阶段〉面团搅拌的完成

　　用搅拌机2挡搅拌2分30秒（共计8分30秒），面团的搅拌就完成了。这时的面团呈现淡黄色，具有一定的光泽，并且能感受到面团的柔软性。取出部分面团放入手中慢慢拉扯，能看到面筋变成更薄的一层膜。面团中仍有一些凹凸不平的斑点，容易断裂，透过面团能够隐约看到手指指腹。这就说明面筋的网膜状组织形成，且伸张性都有所加强。

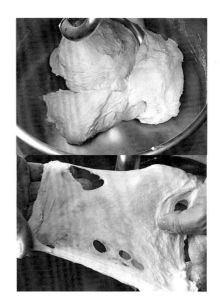

2）柔软含脂面团

面包类型：奶油面包（直接发酵法）
选用搅拌机：立式搅拌机

奶油面包是含脂面包的典型代表，是与不含脂的老式面包相对应的面包种类。一般情况下，奶油面包选用的食材有面粉、酵母、水和食盐四类基本食材，以及糖类、脱脂奶粉、鸡蛋、油脂等辅料。其中，油脂和鸡蛋的添加量较大，是该款面包最大的特点。因此，加入油脂后的搅拌就变得尤为重要。本书中，主要将油脂一次性加入进行搅拌，实际操作时，也有分2~3次加入进行搅拌的情况。不管采用哪种方法，面粉中的蛋白质会吸收大部分水分，使面团中的游离水减少。一般是在面团充分吸收水分之后，再加入油脂搅拌。这样做的原因是油脂需要在面筋形成后沿着面筋的网膜状组织渗透到面团中去。在面筋组织形成好之后加入油脂，其渗透性更好，搅拌也更容易些。此外，由于面团中加入了很多油脂和鸡蛋等辅料，面团容易变得较为柔软，因此，这种面团的搅拌时间也较长。

〈第一阶段〉食材的混合

除油脂外，加入各种食材用搅拌机1挡搅拌3分钟，使面粉中的各种食材都均匀分布。由于面团中加入的鸡蛋比较多，开始搅拌时面团较为柔软、黏糊糊的，也几乎无法形成面筋组织，面团也只是具有一点弹力，稍微拉扯就会断开。

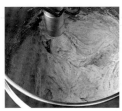

〈第二阶段〉面粉的吸水过程

用搅拌机2挡搅拌3分钟（共计6分钟），面筋组织开始形成。此时的面团仍十分柔软，面筋薄膜基本没有弹力。

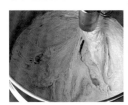

〈第三阶段〉面筋组织的形成（前部分）

用搅拌机3挡搅拌8分钟（共计14分钟），通过较长时间的搅拌，面筋已基本形成。此时，面团不再黏糊，变得较为紧实，面筋薄膜也变得更薄，用力拉扯，面筋也具有较强的弹性和延展性。面筋充分形成之后就可以加入油脂了。

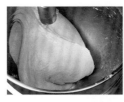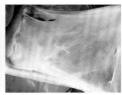

〈第四阶段〉面筋组织的形成（后部分）

向面团中加入油脂之后，用搅拌机2挡搅拌2分钟、3挡搅拌2分钟（共计18分钟），经过搅拌之后油脂就完全均匀分布在面团中了，面筋组织也被油脂包上了一层薄膜。此时的面团已经不再黏糊糊的，而是表面变得光滑且具有一定的光泽。

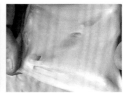

〈第五阶段〉面团搅拌的完成

用搅拌机3挡搅拌6分钟（共计24分钟），面团的搅拌就完成了。此时，柔软、富有弹性的面筋组织薄膜已经形成，用手拉扯面团使其变薄，透过面筋指纹都清晰可见。这就说明面团已搅拌完成了。

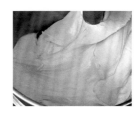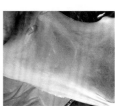

3）中间类型面团

面包类型：山形面包（直接发酵法）

选用搅拌机：立式搅拌机

切片面包是介于软面包和硬面包之间的面包类型。也就是说，切片面包既不是含有很多脂肪又不是不含脂肪，且软硬适中的面包类型。一般选用面粉、酵母、水、食盐四类主要食材以及少量的辅料（糖类、脱脂奶粉、油脂等）。

〈第一阶段〉食料的混合

用搅拌机1挡搅拌3分钟，使各种食材充分混合，形成面团大致形状。这时候搅拌出的面团表面比较黏糊，虽然具有一定的弹力，但是轻轻一扯便会断裂。面筋就是在这一阶段的后半部分开始形成的。

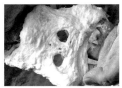

〈第二阶段〉面粉的吸水过程

用搅拌机2挡搅拌3分钟（共计6分钟），面筋组织开始慢慢形成，面筋组织薄膜开始具有一定的弹性。这时，面团将水分充分吸收，面团表面也不再是黏糊糊的了。

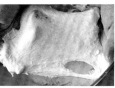

〈第三阶段〉面筋组织的形成（前部分）

用搅拌机3挡搅拌2分钟（共计8分钟），这个阶段面筋组织开始充分形成，面筋组织薄膜具有的弹性和延展性也变大。面筋组织充分形成后就可以加入油脂了。

〈第四阶段〉面筋组织的形成（后部分）

加入油脂之后，用搅拌机2挡搅拌2分钟、3挡搅拌1分钟（共计11分钟），使油脂均匀分布在面团中。油脂会将面筋组织包裹起来，形成一层薄膜，加强面团的延展性。

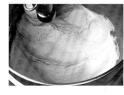

〈第五阶段〉面团搅拌的完成

用搅拌机3挡搅拌5分钟（共计16分钟），面团的搅拌就基本完成了。这时候的面团较为细腻、富有光泽，面筋组织也较为紧实，用力拉扯面团，面团显得十分均匀、通透，这就说明面团的搅拌完成了。

发酵的要领

1.面包为什么会膨胀

对于众多的面包制作技术人员来说，面包会膨胀到现在仍然是一件很不可思议的事情。制作面包时，将揉和好的面团经过发酵之后再烘焙，烤出来的面包会比面团膨胀好几倍，这真的可以说是一件神奇的事情。

为制作出膨松、柔软的面包，制作面包的面团要经过反复发酵以及人手的反复拍打。从这种意义上说面团的发酵过程就犹如是培育面团的过程，所进行的各种操作就犹如是在给面团施加一定的压力（负担）。想要做出饱满、膨松的面包，让面团发酵、膨胀一次显然是不够的，要反复进行发酵、拍打才能使面团一点点膨胀起来。想要做出膨松、美味的面包，这个过程的反复操作尤为重要。

发酵之后膨胀的面团就好比是吹鼓的胶皮气球，吹入的气体和胶皮气球都是必备因素。在发酵的面包中，面包中含有的二氧化碳就犹如吹入气球中的气体，而面筋就起着胶皮气球的作用。

2.二氧化碳的形成

二氧化碳是在面团发酵的过程中形成的。这种被称作面团发酵的过程是通过添加到面团中的酵母进行酒精发酵，即酵母菌将面团中含有的葡萄糖作为营养来源，在细胞内分解，生成二氧化碳和乙醇的生物化学反应。这一过程也被叫做酵母菌的代谢。二氧化碳，这种被酵母菌释放出来的无色、无味气体，就是使胶皮气球（面筋）膨胀起来的气体。

在这一代谢过程中，伴随二氧化碳产生的还有乙醇。乙醇具有芳香气味，它可以为面包增添一种独特的风味。另外，代谢的过程中还会释放出热量（能量），这样就使面团的温度上升，增加了酵母菌的活性，使其活动更加剧烈。

这种酵母菌的代谢过程是面包发酵过程中必不可少的生物化学反应。

3.面筋的形成

形成盛装二氧化碳器皿的"胶皮气球"就是面粉中特有的被叫做麦胶蛋白和麦谷蛋白的蛋白质。这两种蛋白质与面团的性质有很大关联。向具有一定弹性的麦谷蛋白和具有一定黏性的麦胶蛋白加水，施加一定的物理力（揉、搓、拍打）之后，面团中就会形成一种弹性立体网状组织，这种组织就是面筋。

在面包制作工序中，通常都是在搅拌的过程中形成面筋的。搅拌初期，原本没有延展性的面团会慢慢变薄，具有延展性，这就是面筋组织在慢慢形成的原因。具有一定柔软性质的面筋，不仅能够使在酵母的酒精发酵过程中生成的气体聚集在其网状构造中，还能使气体不逸出，保持住面团膨松的状态。这时，面筋的网状构造密度越大，能保持住气体的能力就越强，面团的膨胀程度就越大。

综上所述，想要使面包膨松、柔软，面团中酵母的生化反应以及由搅拌而形成的具有一定黏弹性的面筋都是不可或缺的。

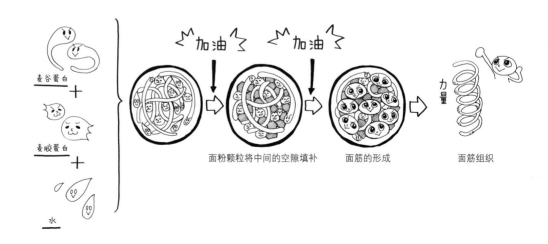

麦谷蛋白 ＋ 麦胶蛋白 ＋ 水　加油　加油　力量

面粉颗粒将中间的空隙填补　　面筋的形成　　面筋组织

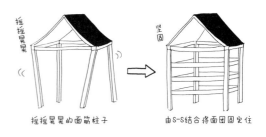

4.面团的紧张(酸化)和缓和（还原）

随着面团不断发酵，面团的弹性也不断增强。这是由于在发酵的过程中麦胶蛋白和麦谷蛋白之间被架起了"桥梁"。每一个面筋组织中间都由硫原子中含有的含硫氨基酸、半胱氨酸等间隔地排列着。半胱氨酸中含有SH基与面筋组织中含有的半胱氨酸之间发生化学反应，形成具有S-S结构的胱氨酸。这样，就在面筋与面筋之间架起了桥梁，使面筋组织变得更加安定、坚固。如果将面筋比作建筑物的柱子，那将柱子与柱子连接在一起的梁就是胱氨酸的S-S结构，通过在柱子中间加入许多梁的方法使整体结构变坚固，这样，就形成了一个较为结实的"房子"。面团中发生的这种现象就叫做面团的酸化。

与面团的酸化反应相反的现象（将S-S结合的胱氨酸分解成各自含有SH基的半胱氨酸）就是面团的还原过程。这种现象会发生在发酵过度和烘烤过度的面团中。面团一经还原，原本架在面筋组织中间的桥梁就会消失，面筋组织就会变得不稳定，面团也会松弛、坍塌。

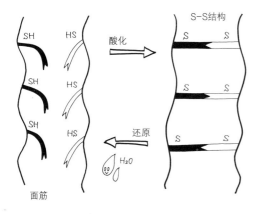

烘烤的要领

面包制作中最后的工序就是面包的烘烤。将面团放入烤箱中烘烤，烤好后再从烤箱中取出，这样就完成了面包的制作。正如字面意思所表示的那样，面包的烘烤就是要将面包加热烤制，使面包皮和面包心都达到它们应有的状态。总体来说，面包的烘烤方法有直接烘烤、烤盘烘烤和模具烘烤三大类。

此处，我们主要以较为大型的面包专用电烤箱（上火、下火直下型，带蒸汽功能）为例，对面包的烘烤方法做详细讲解。

1.直接烘烤

直接烘烤是指将面团直接放在烤箱中烘烤的方法。烤制之前将经过最终发酵的面团放在搁板上，再移入烤箱中。直接烘烤的面包多为硬面包或者半硬面包，由于面团中几乎不含油脂，烘烤时不易上色，因此烤制这类面包时设定的温度比较高。

直接烘烤时，设定的温度一般为200～250℃，将面包放入烤箱中后要先进行蒸汽熏蒸，使面团表面形成一层湿润的薄膜，促进面包内部的发酵，使面包心膨胀起来。烘烤的大致标准是：40～50g的小面包烤15分钟左右；300～400g的中型面包烤30分钟左右；700～800g的大面包烤40分钟左右。当然，也可以根据面团的种类以及烘烤温度，对烤制时间适当调整。

2.烤盘烘烤

烤盘烘烤是指将成型后的面团放入烤盘中进行最终发酵，待面团发酵之后将烤盘放入烤箱中烤制的方法。摆盘时，根据面团形状的不同，摆放方法和摆放个数都有一定的标准。为防止烤制时受热不均，摆盘的时候尽量要采用对称、等间距的方式。40～50g的小面包一般采用下图所示的方式进行摆盘，根据面包形状的不同也可自行调整。

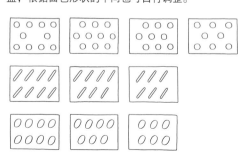

采用烤盘烘烤的面包多为软面包与半软面包，由于面团中含有一定的油脂等成分，面包表皮的上色较为容易，烘烤时设定的温度比直接烘烤时低一些。一般来说，采用烤盘烘烤的方法烘烤时，温度设定为180～220℃即可。烘烤时间大体为：40～50g的小面包烤10分钟左右；150～200g的中型面包烤20分钟左右。

此外，有时候即使相同重量的面团，根据形状的不同，其烘烤温度和时间也会不同。比如：将50g面团做成球形时，采用上火200℃、下火200℃的温度烤制10分钟即可；做成棍状时，采用上火200℃、下火190℃的温度烤制9分钟即可；做成扁平状时，采用上火190℃、下火180℃的温度烤制8分钟即可。形状不同，上、下火采用的温度也不同，这是由于面团形状导致面包在烤制的时候上、下存在着热量效率差。形状较为扁平的面团在烤制时，热量的传导比较好，面包的上色也较快；球形和长棍形等较厚实、饱满的形状，热量传导较差，面包的上色就需要较长的时间。需要记住的一点：根据形状的不同，相同重量面团的烤制温度和时间都有所不同，但是时间和温度差一般应控制在正常状态的5%～10%。

3.模具烘烤

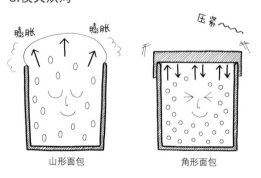

山形面包　　　　　　角形面包

模具烘烤是指将已经成型的面包放入模具中最终发酵，然后将发酵好的面包放入烤箱中烤制的方法。

模具烘烤分开放式（无盖）烘烤和加盖烘烤。开放式烘烤是指模具上方不加盖，对面包的造型不限制，这种方法烤制出来的面包叫做山形面包。加盖烘烤是指在模具上方加盖，对面包的形状限制，这种方法烤制出来的面包叫做角形面包。

开放式烘烤时，由于面包表面离烤箱上部较

近，顶部的面包表皮较易上色，因此采用这种方法烘烤时，上火的设定要稍低些。

而加盖烘烤时，由于面包全部被模型包裹住，就可以采用上下相同温度或者上火稍高的温度烘烤。这是由于烘烤时，面团膨胀接触到上盖时需要约10分钟的时间，为使面包具有较好看的成色，需要将上火设定得稍高些。

模具烘烤的面包从重400～450g的1斤型到重1200～1300g的3斤型，其大小和重量均有差异。一般来说，采用开放式烘烤方法时，1斤型需要烤制25分钟，3斤型需要烤制40分钟左右。而采用加盖烘烤的方法时，其烤制时间要比不加盖时多10%左右。此外，利用模具烘烤时，把握模具容积和面团重量的平衡也很重要。通过不断积累经验，可根据面团的各种特征，选用比容积恰到好处的模具用于烤制。

4.热效率和热传导

面团的烘烤方法大体有以上3种。但在实际操作过程中，面包师总是会不断地烤制多种形状的面包，这就使具体的温度和时间设定变得复杂、困难。但是，最重要的一点是我们一定要根据面包的形状、大小以及有无模具等具体情况，然后按照以上3种方法的时间差异适当调整。

把握好时间和温度最重要的就是对热效率和热传导的适当把握。根据热效率原理，烤箱中的热量会均匀作用于烤箱中的每一个面团上，使面包表皮受热均匀，具有较好的成色。根据热传导的原理，尽量使烤箱中的所有面包都会在同一个时间烤制完毕，使面包内部也充分受热，将面包烤熟。

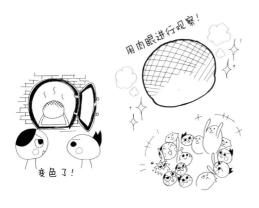

用肉眼进行观察！

变色了！

要烤出美观、美味的面包，还有一点很重要，那就是以上提到的面包烘烤温度和烤制时间都是一个大体的标准，最后还需要结合实际的烘烤情况（成色和香味）适当调整。烤制后的面包只有芳香四溢、成色金黄，才会勾起人们的食欲。这就体现出面包制作的最终真谛，将美味诱人的面包呈现给每一位食客。

5.在烤箱中发生了什么

通常，经过最终发酵后，面团中心的温度会达到30～35℃。将发酵后的面团放入烤箱中后直接对面团加热，不断加热之后，面团的状态也会发生各种变化。

首先，面团自身的温度达到50℃左右时，面团内部就会呈现一定的流动性，60～70℃时面团就会发生急剧膨胀，超过80℃面团就会停止膨胀。在这个过程中，面包的造型就基本形成，面包表皮开始形成并开始变色，面包心也开始发生固化。当温度达到95℃以上时，面包皮就被烤成黄褐色了，面包心则完全固化。经过这样的烤制过程，才做出了能够食用的面包。

那么，到底为什么面团会发生这种变化呢？让我们从面团中含有的主要成分（微生物和化合物等）开始，去探究这一变化背后的原因。

1）酵母的活动

放入烤箱中的面团，当其中心温度达到60℃之前，面团中的酵母菌仍然可以存活，随着烘烤加热的进行，酵母菌仍会进行轻微的发酵活动，在面团中继续生成二氧化碳。尤其当温度达到40℃时，达到酵母菌的最宜活动温度，此时酵母菌的活性最大，在发酵过程中会生成大量的二氧化碳，当温度达到50℃时，这种状态仍可持续一段时间。

通过以上过程，在之前面团发酵时集聚的二氧化碳之外，又添加进了新的二氧化碳，这样面团中气体的流动性就大大提高了。

当温度超过60℃时，酵母菌渐渐失去活性，面团中的发酵活动和二氧化碳的生成就停止了。但是，随着温度的上升，原本存在于面团中的气体体积会急剧膨胀。温度达到80℃之前，面团的膨胀会一直进行下去；当温度达到80℃及以上时，面团的膨胀过程基本就结束了。

2）水分的蒸发

当面团中心温度达到60℃时，面团中含有的水分开始慢慢蒸发，这一蒸发过程对面团的膨胀也起到了一定的促进作用。当温度超过80℃时，水蒸气的蒸发开始达到最活跃时期，温度达到95℃时，面团中多余的水分就几乎蒸发完毕，此时的面包就熟透了。

3）面筋的凝固

面团的中心温度达到60℃之前，面筋组织仍富有黏弹性，此时，由于面筋仍具有伸张性，使得面包不断膨胀。但是，当温度超过60℃时，面筋就开始发生热变反应，温度达到75℃左右时，面筋就完全凝固，成为面包的骨骼，支撑起面包的形状。

4）淀粉的膨润和固化

经过最终发酵的面团中存在着两种淀粉，即生淀粉和损伤淀粉。损伤淀粉是指在面粉制造过程中受到损伤的淀粉。由于淀粉已经受到损伤，因此更容易被酶分解，也更容易溶于水。

当面团的中心温度为40～60℃时，首先是损伤淀粉被淀粉酶从高分子淀粉分解成低分子的麦芽糖和葡萄糖，这个过程被叫做糖化。经过这一过程，面粉的黏性和流动性会变强。

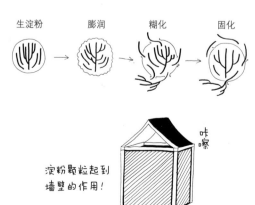

紧接着，当温度为55～65℃时，未受损伤的生淀粉就会吸收面团中的水分，发生膨润反应。在这一阶段中，淀粉微粒不断吸收水分变得饱胀，但由于淀粉外膜的存在，淀粉颗粒会维持球状的状态。

当温度超过70℃时，淀粉颗粒就会破裂，从颗粒中流出的直链淀粉和支链淀粉会增加面团的黏性，使其成为完全糊化（α化）的状态。

当温度超过85℃时，糊化后淀粉中含有的水分就会以水蒸气的形式被释放出来，淀粉发生固化反应，成为连接面筋"骨架"的"墙壁"。

6.面包的香味是怎样形成的

面包在烤制的过程中和烤制之后都会散发出妙不可言的诱人香味，这就是面包制作的魅力所在。散发着诱人香味、成色金黄的面包，总是会勾起人们的食欲。那么，面包中散发出来的香味到底是怎样产生的呢？

面包是由被烘烤成金黄颜色（相当于外皮部分）的面包皮和中间较白（相当于内心部分）的面包心组成。刚烤制出来的面包，皮和心各自具有自身独特的香味，随着时间的推移，两种味道就会混合在一起，变成一种均匀分布的复合型香味。

1）面包皮的香味

面包皮的香味大体可以分为两种。

一种是由表皮部分含有的糖分在烘烤过程中发生焦化（炭化）反应产生的香味。糖分的炭化过程犹如将糖放在火上加热，最开始，砂糖会融化成透明的饴糖状，继续加热，饴糖淡淡的米黄色（温度160℃）就会变成较为浓稠的黄褐色（温度180℃）。与之相类似的布丁就是处于这种焦化反应中制成的。当糖被加热成浓稠的黄褐色时，糖中的甜味基本上就消失了，糖中的焦味就会变浓，此时如果继续加热，糖就会变成黑色的炭。面包在烘烤的过程中，要控制温度不超过180℃，这样就会使糖的焦化反应停止。此时的香味正是人们所喜欢的糖香。

面包皮中的另一种香味是由美拉德反应（氨基、羰基反应）产生的。这是由于面团中含有的氨基化合物和羰基化合物（葡萄糖和果糖等）在加热的过程中相互之间发生反应，反应的产物会散发出香味。简言之，这种香味是由于蛋白质和糖类在加热的过程中产生的。我们日常生活中的各种食品中，最接近这种香味的就是烤面筋。

在面包的烘烤过程中，我们闻到的香甜味道就是由面包皮在加热时发生各种化学反应产生的。

2）面包心的香味

相比较于面包皮，面包心中的香味种类更多、更为复杂。大体说来，主要是制作面包的主要食料和发酵生成物的香味及风味两大类。

·主料的香味

说起制作面包的主食料，那就非面粉莫属了。面粉中含量占到70%的淀粉发生糊化反应时产生的香味会成为无脂面包中的主要香味。淀粉在糊化的过程中会产生香味，这在面粉之外的其他淀粉中也是相同的。虽然面粉中的蛋白质和大米中含有的蛋白质在性质上有很大差异，但是利用它们作为原料做出的美味，其香味却有着异曲同工之妙。

·发酵物的香味

在无脂面包中，烤制完成的面包心里有发酵生成物乙醇的强烈气味和乳酸、醋酸等有机酸散发出来的酸香味混合而成的味道。这两种气味相混合，产生一种微妙、独特的香味。在对烘烤完的面包进行切割时，会闻到一股强烈的刺激性气味，这就是乙醇的味道。随着时间的推移，乙醇会发生气化，不会在面包中存留太长时间，因此，面包中的乙醇味道也会变淡，不再那么刺鼻。在有脂面包中，砂糖的香甜味道以及油脂、鸡蛋等的浓烈香味会盖过面粉和发酵生成物的香味，使面包的味道更加浓烈、独特。

7.面包皮为什么会被烤成黄褐色

每当我们看到面包房橱窗里展示的金黄诱人的面包时，总会忍不住咽几下口水。那诱人的颜色和香味让我们总会情不自禁买上几个。尤其是刚烤出的面包，面包上还会有诱人的光泽，总会激起人们的食欲。那么，面包皮是怎么被烤成黄色的呢？

当面团经过最终发酵放入烤箱中进行加热时，面团中的水分会慢慢蒸发，在面团表面就会形成一层薄薄的水蒸气膜。这时，面团表面由于水蒸气的存在而显得湿润，也没有变硬，而面团也容易向外膨胀。即使面团表面温度达到100℃，因为水蒸气的存在，面团也不会变色。

继续加热，水蒸气逐渐蒸发，包裹在面团外面的水蒸气膜开始变得干燥。这时，加热的过程就相当于面团直接受热。当面团表面温度达到150℃左右时，就会发生美拉德反应，即面团中含有的氨基化合物和葡萄糖、果糖等还原糖在加热的过程中相互反应，生成一种被叫做类黑精的褐色色素。美拉德反应分为初期、中期和后期3个阶段，着色程度也分为无色、黄色和褐色。

当面团表面的温度达到160℃左右时，存在于面团表面的糖类就开始了焦化（炭化）的过程。这一阶段中，面团会呈现淡淡的褐色。继续加热，当面团表面温度达到180℃左右时，面团表面就变成深褐色，糖类也会完全失去甜度，面包也会有淡淡的焦味。这种情况下继续加热时，面团就完全变成黑炭了。

综上所述，烘烤出的面包的成色是美拉德反应和焦化反应综合作用的结果。正是这两种反应的发生，才使得面包表皮呈现出较为诱人的黄褐色。

美拉德反应　　　　　　焦糖化

面包的制作方法

基本上，面包的制作分为直接发酵法和间接发酵法两大类。直接发酵法是指直接将面团放在常温下使其短时间内发酵的方法。直接发酵法有时候也将面团放在常温下进行长时间发酵，具体因制作面包种类的不同会有所变化。间接发酵法有液种法、种面团法、酸面团法以及自制酵母法等几种。其中，液种法和种面团法与直接发酵法相似，都是让面团在常温下进行发酵，都属于低温长时间发酵法。

1.直接发酵法

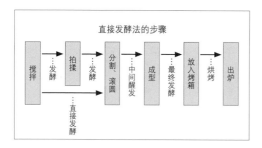

直接发酵法是将制作面包的全部食材一次性放入搅拌机中搅拌，并且一次性将面团搅拌完成的方法。20世纪初期，能够在发酵过程中生成大量二氧化碳的面包专用鲜酵母开始在美国投入工业化生产，直接发酵法以此为契机而发展起来，成为面包制作历史上具有划时代意义的制作方法。而对这种制作方法的书面介绍始于1916年在美国出版发行的Manual for army bakers（军用面包师手册）一书。其中"straight、dough、method"一章对直接发酵法有着详细的解说。在那个时候，直接发酵法是独一无二的面包制作方法，人们做一次面包有时候要花上几天时间。到了19世纪后半期，德国开始了啤酒酵母的工业化制造，人们也将这种酵母用于面包制作中，这样，在一天之内做出香喷喷的面包就成为可能了。

到20世纪，人们在面包专用酵母的培养上取得成功，每克酵母中含有的酵母菌数量达到了天文

数字。这就使面团的发酵和膨胀在短时间内就能完成，将制作面包的整个过程缩短了好几倍。现在，人们最快在2~3小时内，最慢在5~6小时内就能完成面包的制作，大大提高了工作效率。

自面包专用酵母的培养工业制品酵母诞生以来，已经过去大约一个世纪了。如今，直接发酵法作为面包制作的基本方法，在世界范围内得到了广泛应用。在日本，从小面包作坊到大规模的面包生产企业，人们仍在广泛地使用着这种基础的制作方法。

直接发酵法的优点
①能够展现出食材的原始风味。
②发酵时间短，大大缩短了制作面包所需的时间。
③对面包口味和造型的控制比较容易。

直接发酵法的缺点
①面包的硬化（老化）速度较快。
②面团的柔软性、延展性差一些，面团较易受到损伤。
③面包制作的造型容易受到限制。

2.间接发酵法

间接发酵法是指首先将一部分面粉、水和酵母和在一起发酵、熟化，形成"中种面团"，然后将剩余面粉和其他食材加入其中，进行主面团的调粉、发酵。根据发酵种形状的不同，液态（糊状）发酵种的叫做液种法，面团状的发酵种的被叫做面团法。液种法和种面团法中，发酵种中面粉的用量通常为全部面粉量的30%~40%，因此与面粉用量为50%~100%的中种法相比，由于发酵种用量的不同而影响发酵效果的情况比较少。

1）液种发酵法

本书中提到的液种发酵法是将全部面粉总量30%~40%的面粉与水按照1:1的比例搅拌在一起，然后加入少量酵母和食盐，混合成糊状面团，将液体混合物低温发酵12~24小时的发酵方法。经过长时间的低温发酵之后，发酵生成物和各种食材的风味就充分呈现出来。它适合用来制作无脂面包或硬面包。

此外，人们还经常使用经过常温短时间发酵制作液种的方法，采用这种方法制作液种时加入酵母的量要大些，发酵30~60分钟即可。经过常温短时间的发酵，面团中酵母的活性大大提高，生成了许多能够使面团膨胀的二氧化碳，这个过程的主要目

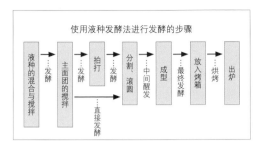

使用液种发酵法进行发酵的步骤

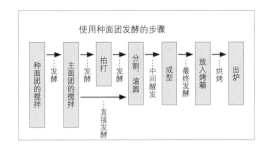

使用种面团发酵的步骤

的就是使面团膨胀起来。这种发酵方法适用于少脂的点心面包或者发酵点心等。

使用液种发酵法的优点

①能够延缓面包的硬化（老化）速度。

②面团的延展性较好，不易受到损伤。

③经过低温长时间发酵的液种再经发酵，生成的发酵生成物味道更加浓郁。

④面团的造型能力更强。

使用液种发酵法的缺点

全部工序所需要的时间比较长。

    液种发酵法的应用时间比较短，据说是在19世纪上半期波兰人率先发明的，因此，这种发酵方法又被称为"波兰发酵法"。20世纪20年代之后，以法国、德国为首的欧洲各国开始了酵母的工业化生产，这也使液种发酵法普及开来。在此，我们主要以本书中使用的最具代表性的液种发酵法为例，对该种发酵方法进行详细介绍。

·波兰发酵法（法国）

    源自波兰的这种液种发酵法经维也纳传到巴黎，后又在整个法国被广泛使用，成为制作法式老式面包的主要方法。到20世纪中期，更为简便的制作方法如直接发酵法和利用剩余面团发酵的面引子发酵法开始兴起，并逐渐取代了液种发酵法成为主要的发酵方法。

·unsatz（德国）、starter（英国、美国）、vigor（意大利）

    一般，选用面粉、水和较多的酵母制作成液种之后，让其在常温下进行短时间（30~60分钟）发酵。这种方法主要用来制作无脂的点心面包或者发酵点心等。

2）种面团发酵法

    本书中说到的种面团是指除了采用中种法之外的种面团发酵法。一般是取出面粉总用量的25%~40%的面粉，在其中加入酵母、食盐和水后将其揉和成种面团，放置12~24小时发酵，使其成为发酵种。然后再向种面团里加入剩余面粉、水、酵母以及其他辅料等，进行主面团的调面、发酵等操作。

使用种面团发酵法的优点

①能够延缓面包的硬化（老化）速度。

②面团的延展性较好，面团不易受到损伤。

③发酵生成物味道浓郁，能够为面包增添不同的风味。

④面团的造型能力更强。

使用种面团发酵法的缺点

①全部工序所需要的时间比较长。

②在进行主面团的搅拌时，需要额外加入新的酵母。

    种面团发酵法的历史较为悠久，尤其是在欧洲各国，每个国家都传承着本国独特的种面团制作方法。但到20世纪中期以后，随着酵母进入工业化生产的进程，种面团发酵法也变得十分普遍。在此，我们以本书中使用到的种面团发酵法为例，对其详细介绍。

·levain·levure（法国）

    一般是指将面粉、水、少量酵母和食盐混合在一起做成种面团，将其放置于较低温环境中进行长时间（12~24小时）发酵的方法。

·levain·mixte（法国）

    此种发酵方法以在准备种面团的过程中加入面引子为最大特点。制作面团时，将前几天或者当天做好的发酵面团按5%~10%的比例加到种面团的食材中进行混合。严格来说，使用这种发酵方法实际是在面团中加入了两次发酵面团制成种面团。这样做出的种面团具有更强的发酵能力，面团中含有的发酵生成物也比较多。另外，由于种面团的量比较大，加入面粉制成主面团之后，面团中含有的发酵成分比较多，烤好后的面包里具有独特的风味和口感。能够充分体现小麦和黑麦等谷物的美味与发酵物风味的levain·mixte发酵法成为法式面包的主要制作方法。

・vorteig（德国）

Vorteig在德语中是"前面团"的意思。这种发酵方法是将面粉、水、少量酵母和食盐混合在一起揉和成面团，将面团放在比较低温的环境中进行长时间（12～24小时）发酵的方法。这种方法做出的面团主要用作面包的种面团。

・starter（英国、美国）、vigor（意大利）

这种发酵方法是将面粉、水和少量酵母混合在一起揉和成面团，将面团放入比较低温的环境中进行长时间（12～24小时）发酵的方法。这种方法做出的面团主要用作面包的种面团。

3）中种发酵法

中种法是种面团发酵法的一种。选用一般种面团法发酵时，种面团中的面粉量一般为总面粉量的一半以下。与一般种面团法不同，中种法在制作中种面团时加入的面粉量为总面粉量的一半以上（50%～100%）。在日本，"中种"一词是面包界广为人知的专业术语，本书中我们将其中的方法加以区分进行详细介绍。

中种法是1950年由美国首先研发出来的。自工业制酵母被广泛使用以来，此种方法应运而生，其

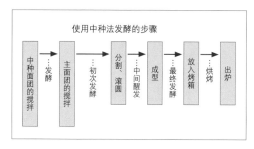

使用中种法发酵的步骤

中种面团的搅拌 → …发酵 → 主面团的搅拌 → …初次发酵 → 分割、滚圆 → …中间醒发 → 成型 → …最终发酵 → 放入烤箱 → …烘烤 → 出炉

英语名称为"sponge and dough method"，在日本被称作"中种法"。

向全部用量的50%～100%的面粉中添加水、酵母后揉和在一起发酵，制成中种面团，然后将其余食材加到一起完成主面团的搅拌。很多量产型面包工厂均使用这种方法制作面包。

在中种法中，主面团初次发酵（面团搅拌之后

的发酵）的时间称作"floor time"。

使用中种法发酵的优点

①能够延缓面包的硬化（老化）速度。
②面团的延展性较好，且不易受到损伤。
③由于中种面团的发酵时间较长，面团具有更强的酸味和独特的风味。
④面团的造型能力更强。

使用中种面团发酵法的缺点

①全部工序所需要的时间比较长。
②需要事先准备中种发酵所需的设备和空间。

面包师傅使用的中种法分主食面包和点心面包两大类。其中，主食面包选用全部面粉用量的70%～80%加水和酵母制成中种面团。而点心面包在此基础之上还适量添加了糖。面包师傅向点心面包中添加的糖分量通常为面粉用量的30%左右，这一比例是相当高的，如果一次性加到面团里，面团中的蔗糖浓度和渗透压就大大提高。这样，容易造成对酵母菌细胞壁的破坏，导致酵母的活性大大降低。为避免以上情况的发生，加到面团中的糖通常分两次添加，即分别在搅拌中种面团和主面团的时候加到里面。因此，用来制作点心面包的中种面团又被叫做加糖中种，这样就能够与用来制作主食面包的中种区分开了。在制作加糖中种时，为增强酵母的发酵能力，加入的酵母量要比一般面团大一些。除加入糖类，制作加糖中种时还会添加鸡蛋、脱脂奶粉等食材，具体可根据实际情况进行适当调整。

4）酸面团发酵法

酸面团发酵法是一种主要应用于黑麦面包的制作方法。酸面团是指只用黑麦粉和水（有时也加入少量食盐）制作出来的发酵面团。在德语中，酸面团被叫做Sauerteig，严格来说，teig不是"发酵种"的意思，而是"面团"的意思。酸面团的制作是从初级面团的制作开始的。将黑麦粉和水混合在一起制成面团，经过4～5天的发酵制作成初级面团。在发酵的过程中要不断向面团中添加适量黑麦粉和水，以保证面团发酵过程的持续进行。在初级面团的基础上继续添加1～3次面粉和水，就完成了酸面团的制作。将制作好的酸面团与其他食材混合在一起制成面团，经过成型和烘烤等过程，就完成

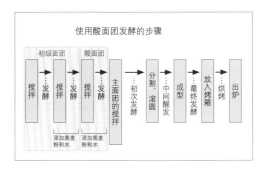

使用酸面团发酵的步骤

了黑麦面包的制作了。

很久以前，人们只能通过自制酵母（酸面团）的方法来进行黑麦粉的发酵。但是，随着鲜酵母工业化生产的实现，人们开始使用酸面团与鲜酵母混用的制作方法。

〈乳酸发酵和酒精发酵〉

黑麦中除了含有酵母菌之外，还附着着许多乳酸菌。将黑麦粉与水混合在一起后，面团就开始发酵。首先，面粉中含有的乳酸菌将黑麦中的糖分（葡萄糖和戊糖）分解，进行乳酸发酵，生成乳酸、乙酸、乙醇和二氧化碳等物质。这些生成物降低了面团的pH值，使其达到4.5以下。接着，附着在黑麦上的酵母菌开始变得活跃。酵母菌的活动促进了发酵，生成的乙醇（酒精）和二氧化碳，又促进发酵种的发酵和熟成。继续向面团中添加黑麦粉和水，又能不断促进发酵和熟成过程的进行，完成初级面团的制作。因此，酸面团是乳酸菌和酵母菌共同作用的产物。

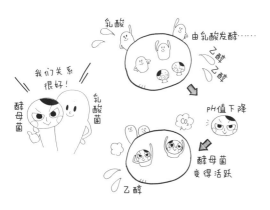

〈黑麦中含有成分的特性〉

黑麦粉中含有的成分有14%的蛋白质、8%的戊聚糖、60%的淀粉、5%的矿物质及其他成分，剩余部分为水。我们主要对其中3种主要成分的特性进行介绍。

· 不能形成面筋的黑麦蛋白质

黑麦中含有的蛋白质主要有白蛋白和球蛋白（均具有水溶性和盐溶性）、醇溶谷蛋白（可溶于酒精）以及谷朊（可溶于酒精）等。

通常，占小麦蛋白质含量80%的麦谷蛋白和麦胶蛋白与水结合之后，会形成具有一定黏性和弹性的面筋组织，成为面团的骨架，起到保存住面团中气体的作用，使面团膨胀起来。但是，黑麦中含有的谷朊虽与麦谷蛋白属于同一种蛋白质，但其性质却有很大差异，谷朊没有弹力。另一方面，醇溶谷蛋白与麦胶蛋白性质相似，与水结合后具有一定的黏性。也就是说，只用黑麦粉来制作面包，面团是不会形成面筋组织的，因此，在面团只具有黏性而没有弹性的情况下，面团在发酵时产生的气体也不易被包裹住，这就使得黑麦面包的造型能力较差。

· 戊聚糖的存在

戊聚糖是指由许多5单糖（由5个碳原子组成的单糖类的一种）中的戊糖结合在一起而形成的高分子。由大约40%的可溶性、60%的不可溶性戊糖组成。

在加入其重量8～10倍的水之后，可溶性戊糖就会被水分解，并变成凝胶化（溶解在水中的微粒聚集在一起并发生固化反应）物质，这样，大部分水分就被保持在凝胶内部。

另一方面，不可溶的戊聚糖会与吸收水分后的蛋白质相互结合，生成液体状物质。

一般的酸面团，在初级面团中要按照黑麦粉含量为10、水含量为8的比例进行混合，因为面粉中含有戊聚糖，在即使没有面筋组织生成的情况下，面团仍然能保持其形状。

此外，对做好的黑麦面团进行加热时，由于面团是在含水性很高的情况下发生固化反应的，因此黑麦面团具有独特的弹性。面包中高含水性的特点，使面包具有较长的保质期。

· 黑麦中淀粉的作用

淀粉在黑麦中的含量比例为60%，在与水混合之后，淀粉就会发生膨润、糊化反应，对其进行加热时，淀粉也会发生固化反应，与小麦淀粉发挥

含有较多水分的戊聚糖……

溶解、凝胶化

同样的作用。但是，由于黑麦面包中没有可以成为面团骨架的面筋组织，面包中的空隙会比较密集，面包心也只是具有一定弹性而已。此外，黑麦中含有的淀粉与一般的小麦淀粉相比，其发生糊化反应的温度要低10℃左右，面团的固化反应也发生得较早，这就使得面团的发酵时间大大缩短，使得黑麦面包具有独特、密实的面包心。

〈使用酸面团的目的和意义〉

从很早开始，酸面团就是黑麦面包面团的发酵以及膨胀所必不可少的气体来源。没有酸面团，黑麦面包就不会发酵，因此，在制作黑麦面包时，酸面团一定是不可或缺的重要食材。但是，随着工业制酵母的广泛应用，酸面团存在的意义也发生了很大的变化，即酵母承担起黑麦面团发酵的作用，对面团pH值、酸度的调整以及增加面团中发酵生成物的风味就变成酸面团的主要"职责"了，酵母和酸面团"各司其职"，各自发挥作用。

即使在德国，人们在制作酸面团的最初阶段也会加入少量的酵母，加快面团发酵的速度，在搅拌主面团的时候也适时添加适量酵母。将酵母和酸面团结合起来的制作方法已经变得十分普遍。

此外，根据从初级面团到酸面团的制作过程中加入黑麦粉和水的次数，酸面团的制作又分为1步法、2步法和3步法等。作为自制酵母的酸面团，在经过3步法之后，面团中的气体含有量较大，具有较强的造型能力。但是1步法和2步法中的气体含有量较少，通常需要结合实际情况适量添加酵母。

5）自制酵母法

自制酵母就是我们通常所说的天然酵母。

与其他发酵方法不同，自制酵母是将附着在谷类与植物的果实和根部中的酵母、细菌类用于面包制作的天然方法。更严格地说，自制酵母是指为使面团发酵、熟成、膨胀，对野生酵母或者某种细菌进行家庭培植而制成的发酵种。方法是以含有各种营养成分的水为培养液，将以酵母菌为主的各种微生物放入水中，加入面粉或黑麦粉后，使其自然进行培养、发酵和熟成。

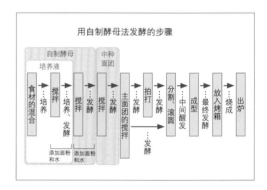

用自制酵母法发酵的步骤

每克的工业制鲜酵母中含有100亿个以上的活酵母菌，而即发高活性酵母中含有300亿个以上。选用这两种酵母只需2~3个小时就能使面团膨胀起来，完成面团的发酵和烘烤。而选用只含有几千万个酵母菌的自制酵母是无法在短时间内生成充足的二氧化碳使面团膨胀的。自制酵母只能对酵母菌和细菌进行缓慢的培养和发酵。从酵母的制作到面包的烘烤，最短也需要几天时间。

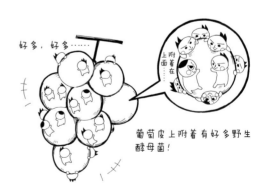

好多，好多……

附着在上面

葡萄皮上附着有好多野生酵母菌！

· 自制酵母的意义

　　自古以来，人们在制作面包时都是在面团中进行酵母菌和细菌（乳酸菌和醋酸菌等）等微生物的培养，利用其发酵这一生物化学反应来使面团膨胀起来。但是，自从工业制酵母诞生之后，因其每克中都含有100亿以上活酵母菌，发酵能力极强，自制酵母对面团的发酵作用就变得微不足道了。仅从

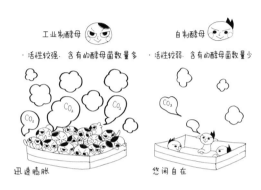

· 工业制酵母　活性较强，含有的酵母菌数量多
· 自制酵母　活性较弱，含有的酵母菌数量少
迅速膨胀　　悠闲自在

自制酵母中含有酵母菌的数量来看，其对面团的发酵、膨胀效率是很低的。

　　但是，自制酵母中除酵母菌之外，还有许多与酵母菌共生的细菌群，在酵母菌发酵的过程中，它们也在发生着各种变化。由细菌活动所生成的各种有机酸（乳酸、乙酸、柠檬酸、丁酸等）和乙醇等具有芳香气味的酒精，能够为面包添加独特的香味和风味。这就使得做出的面包更具有特点和魅力，也是使用自制酵母的意义和目的。从这一点上说，大费周章进行自制酵母的制作也是很有价值的。

· 使用自制酵母应注意的问题

　　自然界中除了有能够用来进行自制酵母制作的酵母菌、细菌类之外，还有许多腐败菌和病原菌

存在，在制作自制酵母时需要防止这些不良细菌的侵入。不要忘记，这是用来制作食物的过程，一定要避免"病从口入"情况的发生。当发酵种中散发出馊味、发酵种发霉、黏度增加时，都说明发酵种已经发生腐败现象，这样的发酵种是不能使用的。有时，我们如果没有意识到发酵种已经腐败而使用时，很容易引起二次感染和食物中毒的发生。此外，接触到腐败发酵种的手一定不要触摸面团，不要在发酵种发酵的地方存放烹制用具、制作面包的器具等，这些都是需要注意的。

大家　　一起
自制酵母并不是一种菌类！

2

面包制作的基本技术

1.准备工作

为了保证面包制作的顺畅进行，食材和模具等的准备工作是不能缺少的。因此，准备工作也是面包制作的重要步骤。

食料的计量

制作面包的食材不论是粉末状、固体状还是液体状，都有着严格的用量标准，使用之前必须称量。

筛面粉

面粉一定要先用筛子筛一下再使用。筛时去掉了面粉中的面疙瘩，防止混入其他异物，这样也能使面粉中混入更多的空气，增强面粉的吸水性。

筛全麦粉和黑麦粉等的时候，麦麸和面粉中较粗的粒子会残留在筛子上，因此这两种面粉是不需要筛的。

●使用脱脂奶粉应注意的问题

由于脱脂奶粉具有较高的吸湿性，容易结块，称量之后一定要立即使用。当不能立即使用时，建议您事先将奶粉和砂糖混合在一起。

将粉状食材混合在一起

面粉、食盐、砂糖和脱脂奶粉等粉状食材一定要事先搅拌一下。搅拌时，将各种食材倒入搅拌器皿中，用打蛋器搅拌均匀即可。

水的准备

水的准备工作一定要在搅拌之前，按照下面的操作方法准备好。

●调整水温

为使搅拌后的面团能够达到规定温度，要事先将水凉一下或者热一下，使其达到合适温度（水温的计算方法请参照P9）。

●取出调整用水

不同的室温、湿度以及面粉都会使揉调出的面团状态有所差异。因此，最开始搅拌的时候不要将所需水全部加到搅拌机中搅拌，要留一部分水，

在搅拌的过程中结合面团的状态适量添加调整。用来调整面团硬度的水叫做调整水。取出调整水的量为全部水量的5%左右。有时，将调整水全部加入后面团仍然十分坚硬，便需要结合实际情况适量添加水。

●溶解鲜酵母

取出调整水后，就要在剩余水中溶解鲜酵母。先将鲜酵母用手揉碎放入水中，接着用打蛋器将其搅拌均匀，使其充分溶解。

●溶解麦芽提取物

取出调整水后，用剩余的一部分水将麦芽提取物溶解。然后将溶解有麦芽提取物的水倒入剩余水中，这样就完成了麦芽提取物的溶解了。

在室温下对油脂进行软化

刚从冰箱中取出的黄油和起酥油质地比较坚硬，不易混合在面团里。在搅拌时，为使油脂能够均匀地分散在面团中，油脂需要具有一定的柔软性。

在搅拌之前，要事先将油脂从冰箱中取出，在室温中将其软化至适当硬度。

●黄油的硬度标准

过硬
指尖按不进去。

软硬适中
指尖能够稍微按入。油脂中心温度达到18℃左右即可。

过软
手指很容易就能按进去。

给发酵盒和模具涂上油脂

在发酵盒和模具上涂上油脂之后，面团就不会黏在上面，比较容易取出。面团如果黏在发酵盒上，取出面团时容易将面团扯得变形。涂在发酵盒和模具上的油脂选用起酥油等无色、无味的油

脂最佳。

涂抹油脂时，发酵盒等体积较大的容器可用手直接涂抹，模具等较小的容器可以用刷子薄薄地均匀涂刷。

2.搅拌

搅拌是使各种食材均匀分布，便于面团中不断有新的空气混入，以保持其具有适当的弹性和延展性的操作。搅拌工作是面包制作过程中最重要的步骤之一。

加入调整水的时机

调整水一般是在面团搅拌完成之前加入到面团中，但在实际操作中一定要尽早加到面团中，这样，在搅拌完成后，加入的水就能完全融入到面团中了，这一点很重要。

面团状态的确认

面团的状态是决定搅拌机转速和搅拌完成时机的重要因素，因此在搅拌过程中，一定要反复确认面团的状态。

●搅拌状态的确认方法

1 取部分面团放于手上。面团的量以鸡蛋大小为宜。　2 利用指腹将面团抻拉开，抻拉的时候一定注意不要将面团扯碎。

3 将面团一点一点扯开，不断转变面团的拉扯方向，拉抻。重复以上动作，将面团尽量扯薄。　4 通过抻拉好面团的透明程度（面团膜的厚薄）、面团膜破裂时的力度（面团连在一起时的力度）以及破裂处面团的柔滑程度（面团的粘连程度）等来确认面团的搅拌程度。

搅拌过程中面团的刮除

在搅拌过程中，面团会黏在盆或搅拌器的内壁上，为使面团搅拌均匀，在搅拌过程中要刮除黏到内壁上的面团。

搅拌后面团的整理方法

为提高从搅拌机中取出面团的气体保持能力，要将面团表面整理成较为光滑的样子，以方便其发酵，减少气体的逸出。将面团整理好，也方便查看其发酵程度。

●在发酵盘中进行整理

1 从搅拌机中将面团取出，放于发酵盘上，将面团稍微拉抻一下后对折。　2 继续将面团折叠一两次，将面团整理好，这样面团表面就变得光滑了。　3 将面团放到发酵盘里，整理面团的形状。拉抻面团时将面团边缘别到面团下面，当面团较为松软时，将其向上对折。

●将面团举起进行整理

1 举起的面团因为重力的作用会向下拉抻，利用这一点可以将面团的表面整理光滑。　2 左右手交替几次将面团举起，使面团表面得到伸展。　3 整理好面团的形状后，将面团放到发酵盘里，采用上图的做法将面团整理好。

●在工作台上进行揉压、滚圆

当面团硬度较大，用上述方法整理较为困难时，可以将面团取出后放到工作台上揉压、滚圆。由于面团较硬，用力揉压容易碎裂，因此在进行揉压时要注意力道的控制。

1 将面团从边缘向中间对折，用手掌的掌跟部位对其揉压。

2 不断转换面团的位置，反复对面团对折和揉压。

3 将面团整理成鼓鼓的球形，放入发酵盒中发酵。

揉和好面团的温度

揉和好面团的温度主要是由水温、室温和面粉的温度决定的。根据季节的不同，这些因素都会有所差异，因此，想要每次都揉和出相同温度的面团就十分困难。但是，面团自身温度与面团的发酵时间又有很大关系，因此，要将每次揉和好面团的温度差控制在 ±1℃之内，这样面团发酵时间差都会维持在5～10分钟。

面团在发酵过程中温度会不断上升，一般来说，想要长时间发酵时，面团的温度就要低些，想要进行短时间发酵时，面团的温度就要高些。比如，在制作重视发酵过程给面团增添风味的无脂较硬面包时，揉和好面团的温度一般控制在24～26℃，而在制作含脂软面包时，揉和好面团的温度要控制在26～28℃。以上均为大体标准，您也可以根据实际情况稍做调整。

●调整揉和好面团温度的方法

在揉合面团的过程中，要想调整温度，一般可以通过调节水温来实现，相比调整其他食材，调节水温的办法更加简便、容易（水温的计算方法请参照P9）。

但是，经过长时间搅拌之后或室温较高的时候，单靠水温的调节是不够的，可以根据实际情况，将装有面团的搅拌机冰镇一下或用热水暖一下来调节温度。

●揉和好面团温度的测量方法

为了能够测量到面团中心部位的温度，测量时要将温度计插到面团里面，这样测出的温度更准确。

3.发酵、拍打

发酵是指通过微生物的各种活动生成对人体有益物质的过程。面包制作过程中的发酵是指由酵母菌的活动而生成二氧化碳气体，使面团膨胀，生成酒精等香味成分，为面包增添不同风味的步骤。

发酵箱的温度和湿度

在发酵过程中，随着面团温度不断上升，酵母菌也变得活跃且开始发生各种反应。发酵好面团的标准温度为28～30℃。实际操作中，当面团的温度与标准存在很大差异时，需要进行必要的调整。面团标准湿度为70～75%，要始终保持面团表面相对湿润的状态。

面团发酵状态的确认方法

●手指测试法

将食指插入发酵好的面团中，根据手指拔出后留在面团上的痕迹确认面团的发酵程度。

适度发酵
手指留下的痕迹一直保持原样。

发酵不够
面团慢慢恢复原状，手指留下的痕迹渐渐变小。

发酵过度
手指痕迹周围发生塌陷，露出许多大的气泡。

● 指腹确认法

用五指指腹轻轻按压面团，通过手指留下痕迹的状态来确认面团的发酵程度。按压后面团上会留下指腹的痕迹且面团呈现较为松软的状态时，则面团发酵适度。确认时，若面团表面较为湿润，可用手指蘸取适量干面粉后再检查。

从发酵盒中取出面团

将发酵好的面团从发酵盒中取出的时候，要尽量减少对面团的按压，只需将发酵盒反扣过来，利用面团自身的重力，将其取出。当面团黏在发酵盒上时，用刮板将其刮出来即可。

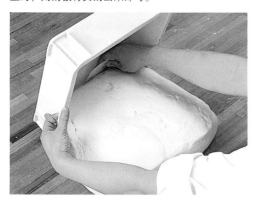

面团的拍打

拍打面团的目的是为了排出发酵过程中产生的气体，使面团在发酵过程中产生的气泡呈现较为密实、均匀的状态。此外，还可以刺激已经松懈的面筋组织，使柔软的面团再次变得紧实。

根据面团的种类和状态，需要变换面团的折叠方法、调整对面团施加的力度。若这一过程在白布上进行，则无需使用太多干面粉。

● 高强度拍打适合软面包或者造型面包

1 对整体面团按压。　　2 分别向左右对折按压。

3 从身前向对面对折。　　4 从内侧向外对折，将面团使劲按压住。

● 稍高强度拍打适合软面包或者含脂较少的面包

1 轻轻对整体面团按压。　　2 将面团分别向左右对折。

3 从身前向对面对折。　　4 从内侧向外对折。

● 稍低强度拍打适合半硬面包

1 轻轻对整体面团按压。　　2 将面团分别向左右对折。

● 低强度拍打适合硬面包

将面团左右对折。

将拍打后的面团放回发酵盒

要尽量避免用手直接接触拍打后的面团较为光滑的一面，可按照以下步骤将其放回发酵盒。

1 从靠近身前位置开始将白布提拉起来。

2 慢慢将白布向外翻动将面团翻过来（较为平整的一面就转到上面来了）。

3 用手和手腕的力量将面团按照如图方法拿起来，放回发酵盒中。

※整理好放回发酵盒中的面团，使其呈现圆鼓、饱满的状态。想要让面团表面变得圆鼓时，可将面团的边缘部分折入面团下方；当面团较为松软时，可将其向上拢一下。

4.分割

分割是指结合完成后面包的大小、重量和形状等因素将面团分成小块的步骤。

面团和秤的摆放位置

将面团放于个人习惯使用分割器的一侧，在面团对面放上盛面团用的容器和秤，这样更便于操作。

面团的切割

用切割器自上向下按压，为使面团不至黏到切口上，切割之后要迅速将面团拿开。最好切割成较大的方形，这样进行面团滚圆时也更简便些。切割的时候一定注意不要将切割器来回移动，这样容易使面团黏在切割器上，破坏面团形状。

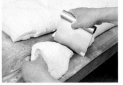

面团的称量

将切割好的面团放到秤上称重。为使切割的

面团达到同一重量，可以对面团适当切割和补充。如果将面团切割成细条状就不易滚圆，为使分割好的面团能顺利进行下面的步骤，分割的次数要少一些，尽量每次都切成差不多大小的方块形。

5.滚圆

滚圆是指将发酵过程中变得松弛的面团团在一起，将分割好的面团揉和成小团且较易成型的步骤。根据面团大小的不同，面团的滚圆方法也会有很大差异。此外，面团种类不同，揉和时施加的力度也有很大差异。

滚圆的步骤

● 小面团的滚圆操作（用右手滚圆的例子）

1 将面团从身体正前方方向外侧对折。

2 用手掌将面团包裹住，手部向左用力，使面团向左旋转，以顺时针方向运动。

※将面团边缘向下弯折，重复步骤2中操作，直至面团呈现表面饱满且较为光滑的状态。
※两手同时滚圆两个小面团，当面团较硬时，在滚圆过程中面团容易在工作台上打滑，此时需要用手掌部位操作。

● 大面团的滚圆操作（用右手滚圆的例子）

1 将面团从身体正前方方向外侧对折。

2 将面团旋转90°，继续对折。

3 用指尖抵住面团的另一侧（面团折叠后的边缘部位）。

4 像画弧线一样将指尖向右下方用力，手向前方伸出，使面团旋转起来。

※用指尖将面团边缘向下折叠。重复步骤3、4中的操作，直至面团呈现表面饱满且较为光滑的状态。
※由于面团较大，用一只手滚圆比较困难，可以两手配合进行。
※如果单手可以操作的话，也可以左右手同时对两个面团滚圆，这样比较节省时间。

● 大面团的整理方法（适合棍状较硬面包）

1 将面团从外侧向身体一侧弯折。

2 用双手将面团整理一下，将面团轻轻向身体一侧提拉，将面团整理好。

※想要向面团施加力量的时候，只需在步骤1之后操作即可。

● 按揉滚圆（适合使用酸面团的面团）

1 用一只手将面团扶住，另一只手将面团从身体外侧向中心折叠，用手掌掌跟用力将面团压住。

2 将面团稍微向左转一下，继续将面团弯折，这时要将面团弯折向中间稍微靠右的位置。

3 重复步骤2中操作，直至面团呈现较为饱满的球形。

硬面包滚圆的注意事项

　　由于硬面包的面团较硬、延展性较小，如果与软面包面团采用同样的力度滚圆，容易引起面团的断裂，使面团表面变得粗糙。因此，在对硬面包的面团滚圆、整理操作时，要注意次数和力度的控制。

用力过大，面团变得不工整

搁板的摆放方法

　　将滚圆后的面团摆放到搁板和白布上时，要充分考虑到面团在发酵过程会变膨胀这一因素，留出一定空隙进行摆放。

6.中间醒发

　　滚圆后的面团变得较为密实，为方便面团成型的操作，要对面团醒发。醒发的时间就叫做中间醒发。

　　一般来说，醒发是将面团在发酵条件下进行的。根据面团的种类和滚圆时的力度，醒发时间会有所差别，但一般是将面团醒发至轻按面团就会留下手指痕迹为宜。

7.成型

　　成型就是最终将滚圆、醒发后的面团整理成面包形状的过程。根据面团种类的不同，整形时对面团施加的力度也有所差异。一般情况下，对硬面包要比软面包施加的力度稍小，这样才能保证面包形状的圆滑。

面包成型的步骤

● 长棍面包的成型

1 用手按压面团，排出面团中的气体。

2 将面团翻过来，从面团一侧向中间部位折叠1/3，用手掌的掌跟部位对面团边缘部位按压，使边缘黏在面团上。

3将面团旋转180°，将另一侧也采用同样的方法弯折、按压。

4将面团对折，用掌跟部位按压，使面团黏合在一起。

5将一只手放在面团中间部位，从上轻轻按压并将面团转动起来，将其滚细。接着，将两只手都放在面团上，一边转动一边将面团向两侧拉抻，使面团成为均匀的棍状。

6要将面团滚至较长时，只需重复步骤5，将其滚至所需长度。将面团滚成条状时要尽量在较少的次数内整理至所需状态。

●球形面包的成型（以右手为例）

1用手指按压面团，排出气体。之后将面团从身体内侧向外侧对折。

2用手掌将面团包住，用手半包住面团，以逆时针方向向左运动使面团旋转起来。

3将面团底部捏在一起，使其闭合，这样，面团表面就能呈现出较为饱满的球形。

※指尖抵在工作台上，将面团的边缘部位向下弯折，重复步骤2中操作，直至面团呈现较为饱满、圆滑的状态。
※可以双手同时对2个面团进行成型操作。由于较硬面团容易在工作台上打滑，有时候也可以直接用手掌相互搓揉进行成型操作。

●卷状面包的成型

1用擀面杖将面团擀一下，使其厚薄均匀。首先，从面团的中间部位向周围及边缘逐步擀开，使面团中气体彻底排出。

2将面团翻转过去，继续用擀面杖擀，使其厚度均匀。

3面团较为平整的一面朝下，然后从面团一侧的1/3处弯折过来，用手掌按压一下，使面团边缘黏在面团上。采用同样的方法弯折面团另一侧。

4对弯折好的面团旋转90°，并将面团一侧轻轻向里卷。

5卷的时候要按照从身体外侧向身体内侧的方向进行。为使卷好后的面团呈现较为饱满的状态，要用拇指轻轻将面团收紧。

6卷好后，将面团用手掌掌跟使劲压实。卷的时候要注意，面团卷的边缘直径不要大于面团的长度。

※擀面团的时候按照从中间分别向远离身体和靠近身体的方向进行，能够将面团中含有的气体彻底排尽。如果面团中的气体没有被排尽的话，做出的面包就会有较大的气泡，影响面包外形的美观。
※如果擀的面团薄厚不匀，做出的面包卷就不会美观，要注意这一点。

●圆柱形面包的成型

1将面团对折，对折时要使面团的边缘位置向上，边缘部位捏紧。

2用擀面杖将面团擀一下，排出面团中的气体，使面团厚度均匀。擀面团的时候，先从面团中间部位向两边推擀，将气体排尽，然后从中间向身体一侧擀平。

3 将步骤1中捏好的面团接口向上放置，从面团的一侧向中间折叠1/3，用手掌掌部位将面团边缘压到面团上。另一侧也采用同样的操作方法，弯折后压实。

4 将面团从一侧向另一侧对折，并用手掌掌跟部位将面团边缘压在一起。

● 将球形面团整理成正方形的方法

1 从面团远离身体1/3的部位开始，将面团中间1/3的部位擀一下。

2 将面团旋转90°，同样在其远离身体1/3的部位推擀，使面团中间部位形成十字交叉的形状。

3 将擀面杖没有压到的部位，沿45°斜角方向从中间向四周擀一下。

4 剩下的三个方向也采用和步骤3中同样的方法擀一下。这样，面团就由圆形变成方形的了。

将白布整理出褶皱的方法

采用直接烘烤的方法制作的面包，对呈棍状的面包最终发酵时，要在发酵搁板上铺一层白布，用白布的褶皱将面团分开摆放在上面。利用白布的褶皱使面团的左右两侧受到支撑，保持其形状，同时也能防止面团之间发生粘连。

● 整理白布褶皱的方法

1 将白布铺在板子上，一端整理出褶皱。

2 留出一定的空隙之后再弄一个褶皱，在中间放上面团。如此重复将面团摆放在白布上。

3 这是转换角度看到的步骤2中图片的效果。摆放的重点就是将面团与白布褶皱之间留出一定的空隙。

8.最终发酵

为使已经成型、变得紧实的面团在烘烤时能够呈现较为美观的造型，在烘烤之前要让其发酵一会儿。这样面团能够适度膨松，烤出具有独特风味的面包。这一发酵过程就是最终发酵，其发酵步骤与面团搅拌之后的发酵不同，根据面包种类的不同，发酵温度有很大差异。

一般情况下，较为膨松的软面包采用稍高的发酵温度，而重视发酵过程的各种风味的无脂面包则采用稍低的温度发酵。

9.烘烤

烘烤是指将经过最终发酵之后的面团放入烤箱烤制的过程。面团在加热过程中，内部含有的气泡会发生膨胀，使面团体积变大。之后，面团的表皮开始发生硬化反应而成为面包皮，内部也慢慢发生固化而成为面包心。

将面团移动到搁板上

这是在烘烤之前的操作（将面包划上花纹或表面涂上蛋液等）。当面团被放在烤盘上最终发酵时，应保持面团原样进行下面的操作步骤。放在白布上最终发酵时，要将面团移动到搁板上操作。在移动面团时，为防止面团变形，要用长板将长条面团移动到搁板上。

● 面团长板的使用方法

1 将面团周围的白布褶皱抻开，将长板放到面团的一侧。

2 用另一只手将白布拿起来，使面团直接掉到下面的搁板上，这样，面团就翻转着被放到长板上了。

3为使面团的黏合部位向下放置，再次翻转长板将面团放于搁板上。

面包皮的造型

用造型刀片或造型刀等将面团划上花纹，使面团在膨胀后表面形成一种独特的造型。基本的操作方法如同对面团剥皮似地将刀片迅速划入面团表层。要制作格子或十字花纹时，将刀片垂直划入即可。

●造型刀片或者造型道的拿法

用拇指、食指、中指轻轻捏住刀刀柄。

使用造型刀时只需用手指捏住刀把的中间位置即可。

●花纹的划制方法

〈切入式切割方法〉

1将刀片放平，从面团表面薄薄划开一层。

2在烘烤过程中，刀片切入的部分会鼓出来，并具有烘烤的颜色。

〈垂直式切割方法〉

1将刀片立起与面团垂直着切入。

2在烘烤过程中，切入部分会伸展开来，同样具有烘烤的颜色。

涂抹蛋液

将面团表面涂抹上蛋液之后，蛋液会被烤出颜色，使面包表层呈现一定的光泽。此外，涂抹上蛋液能够延缓面包表层的硬化过程，使面包膨胀得更大，造型更美观。

●蛋液的涂抹方法

1用拇指、食指和中指轻轻捏住毛刷靠下的部位。刷毛蘸满蛋液，用杯沿或者碗沿将边缘多余鸡蛋液刮掉。

2将毛刷放平，轻轻用手腕的力量将面团表面涂满蛋液，涂抹时要来回翻转毛刷。

※刷蛋液时，如果不将毛刷放平，面团表面容易变得凹凸不平。
※如果涂抹时刷子上的蛋液过多，蛋液会聚集在面团上，烘烤出的面包表面容易变得斑驳，影响美观。而且蛋液流到烤盘上容易将面团黏到烤盘上，烤好的面包不易取出。
※涂抹蛋液的量过小会使面团没有光泽，烤制时也容易烤大，使面包的成色不美观。并且很容易影响面团的膨胀，使烤出的面包没有造型感。

加入蒸汽

在烘烤时向烤箱内喷入蒸汽，使面团表面形成一层蒸汽水珠，能够延缓因烤箱温度过高使面团表面变干的固化过程，使面包呈现出较为美观的造型。另外，还能使烤出的面包具有一定光泽。

面包的冷却

烤好的面包从烤箱中取出之后，要放在冷却装置上常温下自然冷却。

10.面包制作的基础知识

干粉

有时候面团表面会很黏糊，操作时容易黏到手和工作台上，引起面团变形，降低其可操作性。为防止此类现象的发生，事先撒在工作台、蘸在手上的干面粉就被叫做"干粉"。干粉在本书中没有标注出来，但操作时，您可以根据实际情况适量选用。

●可以用作干粉的面粉

干粉一般使用干爽、容易摊开的高筋面粉，有时也会直接选用制作面团时用到的面粉。

●使用干粉的时机

制作过程中面团发生黏手或黏在工作台上难以操作的时候，您都可以随时选用干粉补救。

●使用干粉的注意事项

使用干粉后，面团中就混入了与面团食材无关的面粉，因此应尽量减少使用次数和分量。在面团的拍打、成型过程中，过多使用干粉会使面团表面变得干燥，影响下面操作步骤的进行，因此要尽量少次、少量使用。此外，使用的干粉有时候会残留在面团表面，在烘烤时会影响面团的光泽。

面团较为平整的一面

在处理面团时，一定要记住将面团较为光滑、平整的一面向上，使其成为面包的烘烤表皮，这样烤出的面包才美观。面团较为平整的一面是指，在搅拌之后进行发酵时面团向上的一面，或者面团分割之后较为饱满的一面。

面团的滑动托布

将面团放在滑动托布上能够防止面团黏到工作台上，以保持面团的形状。此外，还能减少面团在拍打过程中干粉的使用量。面团托布一般选用帆布、麻布等不起毛、掉毛的材质。

3

硬面包

法式长棍面包
Baguette

　　Baguette是"棍状"的意思，长棍面包是最具代表性的法式老式面包。作为最普通的主食面包，长棍面包一直备受法国人的青睐。面包采用能够尽情展现小麦风味的直接发酵法制作，那香喷喷的面包皮和膨松的面包心，是绝妙的平衡，平凡中的美味！下面就让我们行动起来，去感受棍状法式面包的魅力吧！

制作方法　　直接发酵法（两段搅拌法）

食材　　准备3kg（18个的分量）

	比例（%）	重量（g）
法式面包专用粉	100.0	3000
食盐	2.0	60
即发高活性干酵母	0.4	12
麦芽提取物	0.3	9
水	70.0	2100
合计	172.7	5185

搅拌	自动螺旋式搅拌机 1挡3分钟　放置20分钟 1挡5分钟　2挡2分钟 搅拌完面团的温度为24℃
发酵	180分钟（90分钟时拍打） 26~28℃ 75%
分割	280g
中间醒发	30分钟
成型	棍状（50cm）
最终发酵	70分钟 32℃ 70%
烘烤	面包表面划上花纹 23分钟 上火240℃ 下火220℃ 喷入蒸汽

长棍面包的横切面

　　烤制成功的长棍面包外皮松脆、香气四溢，呈现较为美观的黄褐色。面包心里会有好多大小不一、形状各异的气泡，气泡薄膜较薄，呈现金黄色的光泽。

搅拌

1 将法式面包专用粉、溶有麦芽提取物的水加到搅拌机中，用搅拌机1挡搅拌3分钟。

※将食材全部放入搅拌机搅拌之后，让面团静置一会儿。这时的面团还不具备较强的黏性，轻轻一拉面团就会发生断裂。

2 将搅拌机盖上一层保鲜膜，将面团静置20分钟。

※注意保持面团表面的湿润性，避免面团表面干燥。

3 静置20分钟后面团的状态。

※与静置之前相比，面团整体变得十分松弛。

4 取出一部分面团伸展开，确认面团的状态。

※静置之后面团的黏性有所增加，拉扯时面团会变薄。

5 将准备好的酵母全部撒入搅拌机中，再次用1挡搅拌。待酵母与面团混合均匀后，保持搅拌机旋转的状态将食盐加入，继续搅拌。

※如果酵母直接与食盐接触，会降低酵母的发酵活性，因此要先将酵母搅拌进面团，然后再进行食盐的搅拌。

6 搅拌5分钟后，取出部分面团，将其伸展开，确认其搅拌状态。

※此时的面团虽然会有些凹凸不平，但拉扯之后面团会变得很薄。

7 将搅拌机调到2挡，继续搅拌2分钟，确认面团的状态。

※此时的面团会有少许凹凸不平，但是已经变得十分光滑，拉抻之后比步骤6中的面团变得更薄。

※与采用间接发酵法（P56）的面团相比，采用直接发酵法的面团发酵时间要长些，因此其搅拌时间较短。但如果搅拌不充分的话，面团的抗拉强度就会变弱，做好的面包造型效果会差一些。

8 将面团整理一下放入发酵盒中，使其表面呈现较为饱满的状态。

※揉和好的面团标准温度是24℃。

发 酵

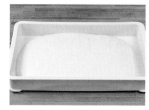

9 将发酵盒放入温度为26~28℃、湿度为75%的发酵箱中发酵，发酵时间为90分钟。

※此时发酵后的面团表面仍塌在一起，面团膨胀程度较轻。

拍 打

10 将面团的左右两侧分别向中间折叠，轻轻拍打面团（P39）后，将其放回发酵盒中。

※此时面团的膨胀程度较小，为使面团中仍留有气体，要对其轻轻拍打。

发 酵

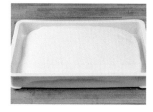

11 将发酵盒放入发酵箱中，采用同样的发酵条件将面团发酵90分钟。

※面团表面不再贴合在一起，已经充分膨胀起来了。

分割、滚圆

12 将面团取出，放到工作台上，将其切成约280g的小块。

整理之前　　　整理之后

13 将面团折叠，整理成较短的棒状。

※由于该种面团的发酵能力较弱，整理面团时不要用力过大，使面团变得过于紧实。面团表面会稍微膨胀、饱满，用力过大就会在面团上留下手印，要尽量避免。

14 将面团放在铺有搁板的白布上。

中间醒发

15 采用与发酵时相同的条件，将面团放入发酵箱中醒发30分钟。

※在面团开始失去弹性之前，对其充分醒发。

成 型

16 用手掌按压面团，将发酵过程中生成的气体排出。

17 将面团较为平整的一面向下，从一侧将面团的1/3弯折过来，用手掌掌跟部位将面团边缘压实，使其黏在下面的面团上。

18 将面团旋转180°，另一侧按照步骤17的方法弯折1/3，压实。

19 从一侧将面团对折，压住面团的边缘，使其黏合成一体。

20 从上向下轻按面团并将其转动起来，将面团滚成50cm长的棍状。

※一边前后滚动面团，一边将其向两侧拉抻。当面团长度不够时，重复上面的操作。如果中间醒发时间过短，整形操作时，面团不易被拉抻，强行将其滚动拉抻，会使面团发生断裂。

21 在搁板上铺上白布，一边将白布整理成褶皱状，一边将黏合部位向下进行摆放。

※如果没有将面团的黏合部位垂直向下放置，面团在烘烤的过程中容易变形。
※白布褶皱与面团之间要留出一指的空隙。

22 最终发酵前的面团。

最终发酵

23 将面团放入温度为32℃、湿度为70%的发酵箱中发酵，发酵时间为70分钟。

※要将面团发酵至松软状态。用手指按压面团，会在面团上留下指痕，此时就证明面团已发酵充分。

烘烤

24 用长板将面团移到滑动托布上。

25 用刀片对面团划上5刀，划出花纹。

26 将发酵好的面团放入上火240℃、下火220℃的烤箱中，再喷入蒸汽，烘烤23分钟。

※根据想要制作面包的效果，决定蒸汽的喷入量。

花纹的划制方法

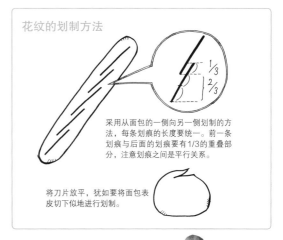

采用从面包的一侧向另一侧划制的方法，每条划痕的长度要统一。前一条划痕与后面的划痕要有1/3的重叠部分，注意划痕之间是平行关系。

将刀片放平，犹如要将面包表皮切下似地进行划制。

穗状面包的成型

A 将发酵好的面团移到滑动托布上，剪刀倾斜45°将面团剪成小块，此时注意不要将面团完全剪透，要留出一部分，使其连在一起。

※面团剪开较浅，剪出的花纹不容易打开，剪的时候一定要注意把握分寸，只留出一点粘连在一起即可。

B 将剪开的部分分别向反方向交错展开，这样面团就呈现较为美观的麦穗状了。

法式小餐包
Petits pains

法式小餐包是小型面包的总称。在法式老式面包中，有很多形状各异的小面包。

一般来说，人们在餐厅里会经常看到法式小餐包的身影。它体积较小，面包心部分又比较大，非常适合夹入酱汁的吃法。

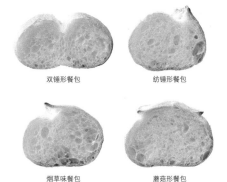

双锤形餐包　　　　纺锤形餐包

烟草味餐包　　　　蘑菇形餐包

制作方法	直接发酵法（两段搅拌法）
食材	准备3kg（4种×16个的分量）

食材的选用与法式长棍面包相同。请参照P49食材表。

搅拌	发酵与法式长棍面包相同 请参照P49操作步骤表
分割	75g 蘑菇形餐包上部的"菌盖"为8g
中间醒发	25分钟
成型	棍状（50cm）
最终发酵	60分钟 32℃ 70%
烘烤	面包表面划上花纹 23分钟 上火240℃ 下火220℃ 喷入蒸汽

法式小餐包的横切面

制作法式小餐包时，面包心和面包皮的平衡很重要，面包的外形的塑造也是制作的重要步骤之一。面包造型较好时，面包皮较薄，香味较浓郁，口感也更好。与长棍面包相比，小餐包的面包心里有更多较为均匀的小圆气泡，面包心的吸水能力更强，更具有入口即化之感。

从左上方开始沿顺时针方向依次为双锤形餐包、纺锤形餐包、蘑菇形餐包、烟草味餐包

搅拌、发酵

1 法式小餐包的搅拌、发酵方法与法式长棍面包中步骤1～11（P49）的操作方法相同。

分割、滚圆

2 将面团取出后放到工作台上，分割成75g和18g的小块。

面团滚圆之前　面团滚圆之后

3 将面团滚成稍圆的形状。

4 将白布铺到搁板上，滚圆后的面团摆在白布上。

中间醒发

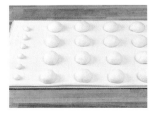

5 采用与发酵相同的条件（温度为26～28℃，湿度为75%），将摆好的面团放入发酵箱中醒发25分钟。

※在面团开始失去弹性之前，对其充分醒发。

成型——纺锤形餐包

6 用手掌按压面团，排出面团中的气体。

7 将面团较为平整的一面向下，从面团一侧的边缘开始折叠1/3，对面团边缘按压，使其黏到面团上。

8 将图中标示面团两侧边缘的部位别到面团内侧。

9 按压别入面团里面的两侧边缘，使其黏在面团上。

10 从面团另一侧将其对折，用手掌掌跟部位按压面团，使面团黏合到一起。

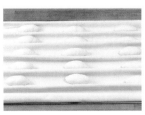

11 从上往下轻轻按压的同时滚动面团，对其形状稍作整理。

12 将白布铺到搁板上后整理出褶皱，将面团黏合部位向下摆到白布上。

※白布褶皱与面团之间要留出约1指的空隙。

成型——烟草味餐包、双锤形餐包、蘑菇形餐包的主体

13 用手掌按压面团，排出发酵时生成的气体，将其滚圆。面团底部用手压在一起，并将黏合部位向下摆在铺有白布的搁板上。

※如果面团表面出现较大气泡时，轻拍气泡将气体排尽即可，注意拍的时候要轻点，不要将面团弄破。

成型——蘑菇形餐包的"菌盖"

14 将分出来的8g大小面团用擀面杖擀薄，摆放在铺有白布的搁板上，盖上保鲜膜置于室温环境中即可。

最终发酵

15 将步骤12、13中成型的面团放入温度为32℃、湿度为70%的发酵箱中发酵60分钟。在发酵过程中进行烟草味餐包、双锤形餐包、蘑菇形餐包的最终成型步骤。

※图片显示的是纺锤形餐包经过最后发酵后的状态。要将面团发酵至充分膨胀为止。用手指按压面团时会留下手指的痕迹，表明面团的发酵已经完成。

16 烟草味餐包①：将面团发酵10分钟之后取出，置于工作台上，将面团靠近身体一侧1/3的部位用擀面杖擀薄。

※经过滚圆步骤之后的面团会变得紧实，不易操作，要在其经发酵稍微变松弛之后，再进行下面的操作。

※将擀薄部位盖在剩余部位上，以两部分重合在一起为宜，不要擀大或擀小了。

17 烟草味餐包②：将擀薄部位撒上干粉，折叠到剩余面团上。

※撒上干粉之后，擀好的部位就不容易黏到面团上，这样，最后烘烤完的面包才会更美观。

18 烟草味餐包③：将擀好的部位向下摆放在铺有白布的搁板上。

19 烟草味餐包④：将面团放入与刚才发酵时条件相同的发酵箱里，继续发酵50分钟。

20 双锤形餐包①：将面团发酵10分钟之后取出，置于工作台上，将面团中间位置用擀面杖擀薄。

※为使两边的分界线较为明显，应尽量将中间部位的面团擀薄一些。

21 双锤形餐包②：将没有擀薄的两侧面团向中间聚拢。

22 双锤形餐包③：将白布铺于搁板上，白布整理出褶皱后，将面团翻过来摆于白布上。

※面团与白布之间要留出1指宽的空隙。

23 双锤形餐包④：将面团放入与刚才发酵时条件相同的发酵箱里，继续发酵50分钟。

24 蘑菇形餐包①：将主体面团发酵20分钟后取出，将步骤14中做好的菌盖部位单面蘸上干粉后放到主体面团上。用食指从面团中间部位插入，直至碰到工作台。这样，上面的菌盖部位与面团就黏在一起了。

※此时，如果面团发酵不充分的话，黏在面团上的菌盖还会脱落下来，影响面包美感。要注意发酵程度的把握。

25 蘑菇形餐包②：将面团翻过来放于铺有白布的搁板上。

26 蘑菇形餐包③：将面团放入与刚才发酵时条件相同的发酵箱里，继续发酵40分钟。

烘 烤

27 将发酵好的面团移到滑动托布上，纺锤形餐包上划上花纹。

※除纺锤形餐包，其余面包种类的面团都要翻过来放于滑动托布上。

28 烤箱设置为上火240℃、下火220℃，将发酵好的面团放入烤箱中，再喷入蒸汽，烘烤23分钟。

标准法式长棍面包

在法国，一提到长棍面包，通常是指用350g左右的面团制成长度70cm左右的棒状面包，面包上一般会划7条花纹。本书考虑到面包的制作效率以及烤箱的容量等因素，一般用280g面团制成长度为50cm左右的面包，面包上会划5条花纹。

标准的法式长棍面包

本书中的长棍面包

虽然同为棒状面包，根据其面团重量以及长度的不同，制成面包的名称也有很大差异。法式面包中也有球形圆面包等较小的类型。

球形圆面包

从左开始：
1kg长面包、巴黎之子长面包、长棍面包、花式面包、长条面包

各式各样的老式面包

虽然采用相同的面团，但根据面包的形状和大小的不同，面包名称也有差异。此表主要列举本书中介绍到的面包类型。

	名称	含义	标准面团重量	标准长度/花纹条数
棒状	1kg长面包	deux livres1kg（livre是500g的意思）	1000g	55cm/3条
	巴黎之子长面包	巴黎之子	650g	68cm/5条
	长棍面包	细棍、拐杖	350g	68cm/7条
	花式面包	中间的	350g	40cm/3条
	长条面包	细条	150g	40cm/5条
	穗状面包	麦穗	350g	68cm/—
大型	梨形面包	球形	350g（也有小型）	—
小型	纺锤形餐包	被切过	50g（也有稍大型）	—/1条
	烟草味餐包	加入鼻烟	50g	
	双锤形餐包	被割开	50g	
	蘑菇形餐包	蘑菇	50g	—

利用间接发酵法制作老式面包

直接发酵法是最常见的老式面包制作方法，但是直接发酵法也有缺点：制作面包所需的时间比较长。比如，面包店想在上午10点左右将新鲜出炉的美味面包摆在橱窗里，那么面包师傅从早上5点左右就要开始做好各种准备工作了，这一点经常让他们叫苦不迭。想要在解决这一问题的同时还能保证面包的质量，人们进行了各种各样的尝试和探索，开发出了许多种制作方法。其中一种就是间接发酵法。这里主要介绍运用冷藏液种和种面团两种间接发酵法来发酵面团。

使用冷藏液种发酵的面团

食材 准备3kg	比例(%)	重量(g)
●液种		
法式面包专用粉	30.0	900
食盐	0.2	6
即发高活性干酵母	0.1	3
水	30.0	900
●主面团		
法式面包专用粉	70.0	2100
食盐	1.8	54
即发高活性干酵母	0.3	9
麦芽提取物	0.3	9
水	40.0	1200
合计	172.7	5181

液种的搅拌	用刮刀搅拌 搅拌后温度为25℃
发酵	3小时 28～30℃ 75%
冷藏发酵	18小时（±3小时）5℃
主面团的搅拌	自动螺旋式搅拌机 1挡5分钟 2挡4分钟 搅拌完温度为26℃
发酵	90分钟（40分钟时拍打） 28～30℃ 75%

液种搅拌

1 将液种需要食材放入盆中，用刮刀搅拌（A）。
※使劲搅拌直至面粉全部溶解在水里。当用刮刀往上铲时，液种具有一定的黏性了，即搅拌完成。

2 发酵前的液种面团（B）。

发酵

3 将液种面团放入温度为28～30℃、湿度为75%的发酵箱中发酵，发酵时间为3小时（C）。

冷藏发酵

4 将整个盆都装到塑料袋里，放入温度为5℃的冰箱中发酵18小时（D）。
※查看盆的边缘，能够看出面团在发酵过程中膨胀到最大程度后又发生塌陷，面团表面陷了进去。
※一般来说，此阶段的发酵时间为18小时，但也可以结合实际情况，在15～20小时之间调整。

主面团的搅拌

5 将主面团所需食材和步骤4中发酵好的液种面团放入搅拌机中，用1挡搅拌5分钟。搅拌的过程中取出部分面团，确认其搅拌状态（E）。
※此时的面团有些凹凸不平，用力拉抻面团时，既没有光泽又没有延展性。

6 调整至搅拌机2挡搅拌4分钟，再次确认面团的状态（F）。
※此时的面团变得十分均匀，用力拉抻也具有延展性。
※采用此种方法调制出的面团发酵时间较直接发酵法要短许多，因此可适当延长面团的搅拌时间。

7 将搅拌好的面团整理一下，使其表面饱满、圆鼓，将整理好的面团放入发酵盒中（G）。
※搅拌好面团的标准温度为26℃。

发酵

8 将发酵盒放入温度为28～30℃、湿度为75%的发酵箱中发酵，发酵时间为40分钟。
※此时发酵后的面团表面仍塌在一起，面团膨胀程度较轻。

拍打

9 将面团的左右两侧分别向中间折叠，轻轻拍打面团（P39）后，将其放回发酵盒中。
※此时面团的膨胀程度较小，为使面团中仍留有气体，要对其轻轻拍打。

发酵

10 将发酵盒放入发酵箱中，采用同样的发酵条件将面团发酵50分钟（H）。

使用种面团发酵的面团

食材 准备3kg	比例(%)	重量(g)
●种面团		
法式面包专用粉	25.000	750.00
食盐	0.500	15.00
即发高活性干酵母	0.125	3.75
水	17.000	510.00
●主面团		
法式面包专用粉	75.000	2250.00
食盐	1.500	45.00
即发高活性干酵母	0.300	9.00
麦芽提取物	0.300	9.00
水	52.000	1560.00
合计	171.725	5151.75

种面团的 搅拌	立式搅拌机 1挡3分钟 2挡2分钟 搅拌完温度为25℃
发酵	60分钟 28～30℃ 75%
冷藏发酵	18小时（±3小时）5℃
主面团的 搅拌	自动螺旋式搅拌机 1挡5分钟 2挡4分钟 搅拌完温度为26℃
发酵	90分钟（40分钟时拍打） 28～30℃ 75%

种面团的搅拌

1 将制作种面团所需食材全部放入搅拌机中，用1挡搅拌3分钟。
※最好将食材搅拌至均匀分布。此时，种面团的黏合性较差，轻轻用力拉扯面团就会发生断裂。

2 将搅拌机调至2挡，搅拌2分钟（A）。
※此时种面团中的食材均匀分布。面团虽具有一定的弹力，但是仍缺乏延展性，面团表面也粗糙不平。

3 将种面团整理至表面圆鼓，放入发酵盒（B）。
※搅拌完种面团的标准温度为25℃。

发酵

4 将种面团放入温度为28～30℃、湿度为75%的发酵箱中发酵，发酵时间为60分钟。

冷藏发酵

5 将步骤4中发酵好的种面团套上塑料袋，放入温度为5℃的冰箱中冷藏发酵18小时（D）。
※这样，面团就充分膨胀起来了。
※一般来说，此阶段的发酵时间为18小时，但也可以结合实际情况，在15～20小时进行调整。

主面团的搅拌

6 将制作主面团的全部食材和步骤5中发酵好的种面团加到搅拌机中，用1挡搅拌5分钟。搅拌的过程中取出部分面团，确认其搅拌状态（E）。
※此时，面团中的全部食材大致能均匀分布，但是面团仍缺乏黏性。

7 调整至搅拌机2挡搅拌4分钟，再次确认面团的状态（F）。
※此时的面团变得十分均匀，用力拉抻具有延展性。
※采用此种方法调制出的面团发酵时间较直接发酵法要短许多，因此可适当延长面团的搅拌时间。

8 将搅拌好的面团整理一下，使其表面饱满、圆鼓，再放入发酵盒中（G）。
※搅拌好面团的标准温度为26℃。

发酵

9 将发酵盒放入温度为28～30℃、湿度为75%的发酵箱中发酵，发酵时间为40分钟。
※此时发酵后的面团表面仍塌在一起，面团膨胀程度较轻。

拍打

10 将面团的左右两侧分别向中间折叠，轻轻拍打面团（P39）后，将其放回发酵盒中。
※此时面团的膨胀程度较小，为使面团中仍留有气体，要对其轻轻拍打。

发酵

11 将发酵盒放入发酵箱中，采用同样的发酵条件将面团发酵50分钟（H）。

A

B

C

D

E

F

G

H

法式面包小常识

　　老式面包是法式面包中最具代表性的主食面包，是人们对法式面包的总称。可以毫不夸张地说，老式面包与法国人的饮食生活有着密不可分的关系。早餐时，法国人会将老式面包与牛奶、咖啡搭配，午饭时用老式面包夹火腿或者奶酪做成美味三明治，晚饭又会将其装点在料理上，一年里几乎天天都能在餐桌上看到老式面包的身影，这足以看出其在法国人餐饮生活中的地位了。但在法式面包的原产地法国，人们很少将其称作"老式面包"，而是根据面包的形状和大小差异，分别给予其不同的名字。日常生活中，人们也总是区分种类进行称呼（P55）。

　　一般来说，法式面包仅用面粉、食盐、酵母和水制作而成，是用料最少的一种面包。虽然如此，备受青睐的法式面包却有着它独到的风味。法式面包的面包皮芳香浓郁、香气四溢，独特的制作方法使烘烤出的面包皮脆而不碎，口感独特，再加上松软湿润的面包心，外脆里软，绝妙搭配！老式面包选用较少的食材却能营造出十足的美味，简单中又不失细致与讲究，法国人常称长棍面包为面包中的"王者"，对其喜爱就可见一斑了。老式面包的制作方法有直接发酵法以及液种法、种面团法等间接发酵法（见右侧详细解说）。随着时代的变迁，面包制作方法也会呈现一定的发展变化。如今，很久无人问津的直接发酵法也焕发出新的光彩，被小型面包坊重新利用起来。其中，两段搅拌法和搅拌加水法应用最为广泛。而在许多大型的面包生产企业中，人们通常是用前一天准备好的经过发酵后的种面团和液种，当天就能快速生产出面包的发酵方法。

直接发酵法
●两段搅拌法
　　先将面粉、水和麦芽提取物搅拌几分钟之后，将搅拌好的面团在拌机中静置20～30分钟，然后，将酵母和食盐依次放入搅拌机中继续搅拌，这种搅拌方法就叫做两段搅拌法。搅拌过程中将面团静置，是为了让搅拌过程中紧实的面团变松弛，改善面团的延展性，使面团变得光滑、柔软。这样，在成型过程中面团的延展性增强，面团的造型能力就提高了。

●搅拌加水法
　　搅拌加水是指为增强面团的湿润程度而进行的操作，是在面团搅拌过程中面筋形成之后继续向面团中加水搅拌的步骤。这样，面团表面就变得十分湿润，能够防止发酵过程中由面团酸化而引起面团表面干燥，面团中游离水增加，面团的柔软程度就大大提高。搅拌加水时向面团中加入的水量属于配料之外，搅拌过程中可根据面团的实际情况决定加水量。

间接发酵法
●液种法
　　老式面包中使用到的标准液种是采用相同比例的面粉和水，加入少量酵母之后混合而成的具有一定黏稠度的面团发酵物。搅拌后的混合物放入低温进行长时间发酵，经发酵后面团中会生成许多气泡，面团就呈现出黏稠状。如果将他们加入主面团中搅拌，不仅能够提高面团的柔软程度，更能增强面团的发酵能力。此外，发酵过程中生成的众多发酵生成物具有独特的香味，还能为面团增添各种风味，使制作出的面包香味十足。

●种面团法
　　将前一天留下的发酵面团放入第二天的新面团中搅拌，加入的老面团就叫做种面团，这种发酵方法又被称作老面团法。由于种面团已经经过充分的发酵和熟成，因此不仅能增添新面团的发酵能力，还能为新面团增添不同风味的发酵生成物，达到促进新面团发酵的目的。添加种面团发酵之后，面团的延展性和风味都有所提升。经长时间发酵，面团就变成黏糊、柔软的熟成面团了。现在，人们使用前一天留下面团的情况比较少，一般会使用特别制作的发酵面团。在制作法式面包时，人们更多使用的是间接发酵法（P30）。

不同制作方法制作出来面包的横切面比较

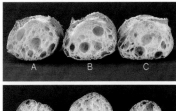

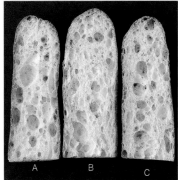

A：直接发酵法
　　面包为3种方法中最小的，横切面接近圆形。面包皮最厚，面包心中混杂着大小小的扁平的椭圆形气泡。

B：使用冷藏液种的间接发酵法
　　面包为3种方法中最大的，面包横切面接近扁平的椭圆形。面包皮最薄，面包心中较大的气泡较多，气泡形状接近圆形。

C：使用种面团的间接发酵法
　　面包大小接近于液种发酵法，横切面接近半圆形。面包皮较厚，面包心与液种发酵法十分相似。面包心中气泡为扁平的椭圆形。

法式乡村面包
Pain de campagne

法式乡村面包与老式面包都是最具代表的法式主食面包。法式乡村面包以其浓香厚实的面包皮和湿润富有咬劲的面包心为主要特色。

与选用面粉作为原料的老式面包相比，乡村面包多搭配黑麦粉，是经过将近1个小时烘焙的大型面包。

制作方法	间接发酵法（levain·mixte法）
食材	准备2kg（圆形3个+月牙形4个）

	比例(%)	重量(g)
●levain·mixte种面团		
法式面包专用粉	100.0	2000
发酵面团※	6.0	120
食盐	2.0	40
水	62.0	1240
合计	170.0	3400
●主面团		
法式面包专用粉	85.0	1700
黑麦粉	15.0	300
种面团	170.0	3400
食盐	2.0	40
即发高活性干酵母	0.4	8
麦芽提取物	0.3	6
水	78.0	1560
合计	350.7	7014

※将无脂面团发酵4～5小时后得到的面团。本书中主要选用老式面包（P48）的面团。

种面团的搅拌	立式搅拌机 1挡3分钟　2挡2分钟 搅拌完成温度为25℃
发酵	18小时（±3小时） 22～25℃ 75%
发酵主面团的搅拌	自动螺旋式搅拌机 1挡5分钟　2挡3分钟 搅拌完成温度为26℃
发酵	130分钟（65分钟时拍打） 28～30℃ 75%
分割	圆形：1200g 月牙形：800g
中间醒发	20分钟
成型	圆形　月牙形
最终发酵	球形：70分钟32℃ 70% 月牙形：60分钟32℃ 70%
烘烤	面团表面划上花纹 圆形：35分钟 上火240℃ 下火230℃ 月牙形：30分钟 上火235℃ 下火225℃ 喷入蒸汽

准备工作

·将圆形发酵筐（圆形：直径36cm；月牙形：直径39cm）撒上法式面包专用粉。

levain · mixte种面团的搅拌

1 将种面团所需食材放入搅拌机中，用1挡搅拌。

2 搅拌3分钟。

※将面团中所有食材搅拌均匀为最佳。此时搅拌后的种面团黏性较差，轻轻拉抻，面团便会断裂。

3 将搅拌机转换到2挡，搅拌2分钟。

※各种食材均匀分布，面团揉和成一团。此时搅拌后的种面团较硬，不易被拉抻。

4 将面团整理平整，表面圆鼓之后，放入发酵盒。

※面团较硬，整理时需把面团从搅拌机中拿到工作台上，在工作台上按压、滚圆。
※揉和好面团的温度以25℃为最佳。

发 酵

5 将发酵盒放入温度为22~25℃、湿度为75%的发酵箱中发酵，发酵时间为18小时。

※确认面团是否已充分发酵并膨胀。
※一般来说，此阶段面团的发酵时间为18小时，具体可以根据实际情况，在15~21小时之间适当调整。

主面团的搅拌

6 将制作主面团的全部食材放入搅拌机中，用1挡搅拌。

7 搅拌5分钟之后，取出一部分面团拉抻，确认其搅拌状态。

※此时，面团中的全部食材大体混合均匀，但面团的黏性仍较差，轻轻拉抻，面团就会发生破裂。

8 将搅拌机转换至2挡，继续搅拌3分钟，确认面团的搅拌状态。

※采用间接发酵法的面团发酵时间较长，因此面团的搅拌时间相对短一些。但是，面团搅拌不充分，其抗拉强度就很低。成型时，面团的造型能力会很弱，因此，搅拌时间的把握很重要。

9 将搅拌好的面团稍微整理，使其表面光滑、饱满，这样有利于面团发酵。将整理好的面团放入发酵盒中。

发 酵

10 将发酵盒放入温度为28~30℃、湿度为75%的发酵箱中发酵，发酵时间为65分钟。

※此时发酵后的面团表面仍塌在一起，面团膨胀程度较轻。

拍 打

11 将面团的左右两侧分别向中间折叠，轻轻拍打面团（P39）后，将其放回发酵盒中。

※此种面团的膨胀程度较小，为使面团中仍留有气体，要对其轻轻拍打。

发 酵

12 将发酵盒放入发酵箱中，采用同样的发酵条件将面团发酵90分钟。

※面团表面不再贴合在一起，已经充分膨胀起来了。

分割、滚圆

13 将面团从发酵盒中取出后放到工作台上，分割成1200g和800g的小块。

14 圆形①：将分割后1200g的面团用双手轻轻滚圆。

※由于此种面团的膨胀能力很小，因此不要用力将面团滚得太紧，要使其表面具有一定的膨胀力，用手指轻按会留下指痕为最佳。

滚圆之前　　滚圆之后

15 圆形②：将滚圆之后的面团摆放到铺有白布的搁板上。

16 月牙形①：将分割后800g的面团对折，整理成较短的棒状。

※不要用力将面团滚得太紧，要使其表面具有一定的膨胀力，用手指轻按会留下指痕为最佳。

滚圆之前　　滚圆之后

17 月牙形②：将滚圆之后的面团摆放到铺有白布的搁板上。

中间醒发

18 圆形：将步骤15中整理好的面团放入发酵箱中，采用同样的发酵条件将面团发酵20分钟。

※在面团开始失去弹性之前，对其充分醒发。

19 月牙形：将步骤17中整理好的面团放入发酵箱中，采用同样的发酵条件将面团发酵20分钟。

※在面团开始失去弹性之前，对其充分醒发。

成型

20 圆形①：用手掌按压面团，排出面团中的气体。

21 圆形②：将面团较为平整的一面向上放置，一边转动面团一边将其整圆。

※此时要防止面团表面变形。
※此种面团的发酵能力较弱，成型过程中不要太用力，以免使面团变得太过紧实，在最终发酵时不容易膨胀起来。

22 圆形③：将面团底部捏在一起，使捏合部位向下放入圆形发酵筐中。

23 月牙形①：用手掌按压面团，排出面团中的气体。

24 月牙形②：将面团中较为平整的一面向下放置，从面团一侧弯折1/3，用手掌掌根部位将面团边缘压到面团上。将面团旋转180°，采用同样的方法对另一侧进行弯折，并黏到面团上。

25 月牙形③：从远离身体一侧将面团对折，对面团边缘按压，使其黏合在一起。

26 月牙形④：从上往下对面团边按压边滚动，将面团整理成长55cm的棒状。

※一边对面团进行前后转动，一边向两侧拉抻，当长度不够时，只需重复以上动作即可。但是这个过程要尽量在较少的次数内完成。
※如果面团的中间醒发过程时间较短，面团就缺乏弹性，不易被拉抻。强行对其拉抻容易发生断裂。因此，要在面团具有一定弹性之前，对其充分醒发。

27 月牙形⑤：将面团黏合部位向上放置于圆形发酵筐中。

※放置时要使面团黏合部位于中间位置。

最终发酵

28 圆形：将面团放入温度为32℃、湿度为70%的发酵箱中发酵70分钟。

※发酵温度过高的话，面团就容易黏到圆形发酵筐中，不易被取出。

29 月牙形：将面团放入温度为32℃、湿度为70%的发酵箱中发酵60分钟。

※发酵温度过高的话，面团就容易黏到圆形发酵筐中，不易被取出。

烘 烤

30 圆形①：将圆形发酵筐翻过来，使面团移到滑动托布上，用刀片划上格子状花纹。

※进行花纹的划制时，一定要将刀片直立起来操作。

31 球形②：烤箱设置为上火240℃、下火230℃，将发酵好的面团放入烤箱中，再喷入蒸汽，烘烤35分钟。

※圆形面包的面团较大，要想将其烤成较为饱满的圆形，烘烤时就要比月牙形面包采用稍高的温度，但是持续的高温烘烤会使面包上色太重，烘烤一会儿可适当调低温度。

32 月牙形①：将圆形发酵筐翻过来，使面团移到滑动托布上，用刀片划出5条花纹。

※进行花纹的划制时，要将刀片倾斜操作。

33 月牙形②：烤箱设置为上火235℃、下火225℃，将发酵好的面团放入烤箱中，再喷入蒸汽，烘烤30分钟。

法式乡村面包的横切面

相比其他面包种类来说，乡村面包的烤制时间较长，因此面包皮较一般的面包厚些。乡村面包的面包心与老式面包相比，其气泡有大有小，但更接近于均匀的状态。因为面团中含有黑麦面粉，所以面包的色泽较暗，偏向于褐色。

黑麦面包
Pain de seigle

　　一般来说，黑麦面包是由普通面粉搭配三成左右的黑麦面粉制作而成，其中也有加入一半黑麦面粉的情况。黑麦是从德国南部经由北部阿尔萨斯地区传入法国的。现在，充分利用黑麦独特风味和口感的主食面包，口味独特，备受人们青睐。添加核桃仁、葡萄干等制作的黑麦面包美味十足，与红酒、奶酪相得益彰，搭配巧妙。让我们根据个人口味加入各种美味的干果、坚果，烘烤出专属于自己的美味面包吧！

制作方法	间接发酵法（levain·mixte法）
食材	准备3kg（纯黑麦面包18个的分量）

	比例(%)	重量(g)
●levain·mixte种面团		
法式面包专用粉	100.0	1800
发酵面团※	6.0	108
食盐	2.0	36
水	62.0	1116
合计	170.0	3060
●主面团		
法式面包专用粉	20.0	600
黑麦粉	80.0	2400
种面团	100.0	3000
食盐	2.0	60
即发高活性干酵母	0.5	15
麦芽提取物	0.3	9
水	74.0	2220
合计	276.8	8304
黑麦粉		
葡萄干或核桃仁	45.0	1350

※将无脂面团发酵4～5小时后得到的面团。本书中主要选用老式面包（P48）的面团。

种面团的搅拌	立式搅拌机 1挡3分钟 2挡2分钟 搅拌完温度为25℃
发酵	18小时（±3小时） 22～25℃ 75%
发酵主面团的搅拌	自动螺旋式搅拌机 1挡5分钟 2挡1分钟 （加入葡萄干、核桃仁 1挡1分钟） 搅拌完温度为26℃
发酵	50分钟 28～30℃ 75%
分割	450g 加入葡萄干、核桃仁的：500g
中间醒发	10分钟
成型	棒状（26cm） 撒上黑麦粉、划上划痕
最终发酵	60分钟 32℃ 70%
烘烤	35分钟 上火225℃ 下火215℃ 喷入蒸汽

从左开始依次为加入核桃仁的黑麦面包、纯黑麦面包和加入葡萄干的黑麦面包

levain·mixte种面团

1 参照法式乡村面包中步骤1~5（P60），制作levain·mixte种面团。

主面团的搅拌

2 将制作主面团的全部食材放入搅拌机中，用1挡搅拌。

3 搅拌5分钟之后，取出一部分面团拉抻，确认其搅拌状态。

※此时，面团中的全部食材大体混合均匀，但面团表面十分黏糊。

4 将搅拌机转换至2挡，继续搅拌1分钟，确认面团的搅拌状态。

※团中黑麦粉的比例较高，因此面团的黏性较差，搅拌后仍呈现较黏糊的状态，但十分柔软。

※葡萄干、核桃仁等需在此环节之后加入，搅拌机调至1挡，搅拌至葡萄干、核桃仁分布均匀即可。

5 将面团整理平整，表面圆鼓之后，放入发酵盒。

※揉和好面团的温度以26℃为最佳。

发酵

6 将发酵盒放入温度为28~30℃、湿度为75%的发酵箱中发酵，发酵时间为50分钟。

※此时发酵后的面团表面仍塌在一起，面团膨胀程度较轻，用手指轻按技会留下指痕。

分割、滚圆

7 将面团从发酵盒中取出后放到工作台上，分割成450g的小块。

※加入葡萄干和核桃仁的面团应分割成500g。

8 将分割后的面团用双手轻轻滚圆。

※面团较黏不容易操作时，可撒上适量干粉后再滚圆。

滚圆之前　　　滚圆之后

9 将面团摆在铺有白布的搁板上。

中间醒发

10 将整理好的面团放入发酵箱中，采用同样的发酵条件将面团发酵10分钟。

※在面团开始失去弹性之前，对其充分醒发。

成 型

11 用手掌按压面团，排出面团中的气体。

12 将面团较为平整的一面向下放置，从面团一侧将其折叠1/3，用手掌掌跟部位将面团边缘压在面团上。

※加入黑麦粉的面团易碎，在按压的时候要轻些。

13 将面团旋转180°，采用同样的方法将另一侧弯折1/3，并使其黏在面团上。

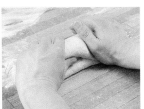

14 从一侧将面团对折，按压面团边缘位置，使其黏合在一起。

15 边从上向下用力按压边转动面团，将其整理成长26cm的棒状。

16 将白布铺在搁板上，白布整理出褶皱，将面团黏合部位向下摆放于白布上，撒上适量黑麦粉。

※白布褶皱与面团之间要留出一指空隙。
※撒完干粉之后，面团就要进入烤箱烘烤了，如果黑麦粉的量撒得过少，烤制之后面包上的花纹就不明显。撒黑麦干粉的时候要注意量的把握。

17 用刀片在面团上划上条纹。
※进行划痕时，刀片要垂直放置，轻轻地划上几条即可。

18 面团最终发酵前的状态。

最终发酵

19 将面团放入温度为32℃、湿度为70%的发酵箱中发酵60分钟。

※在此过程中，要将面团发酵至充分膨胀。用手轻轻按压面团时会有指痕留下为最佳。

烘 烤

20 用长板将面团移到滑动托布上。将发酵好的面团放入上火240℃、下火230℃的烤箱中，再喷入蒸汽，烘烤35分钟。

※加入葡萄干和核桃仁的面团烤制时间需要调整。烤制加入葡萄干的面团时，上、下火都要降低5℃，烤制加入核桃仁的面团时，上、下火都要升高5℃。

加入核桃仁的黑麦面包

纯黑麦面包

加入葡萄干的黑麦面包

黑麦面包的横切面

　　纯黑麦面包从下向上慢慢变圆，侧面较为饱满、膨胀者为佳。其主要特点是面包皮较厚，气泡较为细小且均匀分布。加入葡萄干和核桃仁的面包里面，葡萄干和核桃仁均匀分布者为佳。

农夫面包
Pain paysan

农夫面包与法式乡村面包一样，都是具有田园风味和地方特色的面包种类。

加入黑麦粉和全麦粉的农夫面包属于较硬主食面包类，很适合与汤类、杂煮类料理搭配食用。

制作方法	间接发酵法（levain·mixte法）	
食材	准备3kg（15个的分量）	

	比例(%)	重量(g)
●levain·mixte种面团		
法式面包专用粉	100.0	1500
发酵面团※	6.0	90
食盐	2.0	30
水	62.0	930
合计	170.0	2550
●主面团		
法式面包专用粉	50.0	1500
全麦粉	25.0	750
黑麦粉	25.0	750
种面团	80.0	2400
食盐	2.0	60
黄油	3.0	90
即发高活性干酵母	0.4	12
麦芽提取物	0.3	9
水	75.0	2250
合计	260.7	7821
法式面包专用粉		

※将无脂面团发酵4~5小时后得到的面团。本书中主要选用老式面包（P48）的面团。

种面团的搅拌	立式搅拌机 1挡3分钟 2挡2分钟 搅拌完温度为25℃
发酵	18小时（±3小时） 22~25℃ 75%
发酵主面团的搅拌	自动螺旋式搅拌机 1挡5分钟 2挡5分钟 搅拌完温度为26℃
发酵	130分钟（40分钟时拍打） 28~30℃ 75%
分割	500g
中间醒发	20分钟
成型	棒状（40cm）
最终发酵	55分钟 32℃ 70%
烘烤	撒上法式面包专用粉 划上花纹 28分钟 上火235℃ 下火225℃ 喷入蒸汽

levain·mixte种面团

1 参照法式乡村面包操作步骤1~5（P60）制作levain·mixte种面团。

主面团的搅拌

2 将制作主面团的全部食材放入搅拌机中，用1挡搅拌。

3 搅拌5分钟之后，取出一部分面团拉抻，确认其搅拌状态（A）。
※此时，面团的黏性仍较差，轻轻拉抻面团就会发生破裂。

4 将搅拌机转换至2挡，继续搅拌5分钟，确认面团的搅拌状态（B）。
※此时面团变得十分光滑，用力拉抻会变得很薄。

5 将面团整理平整、表面圆鼓之后，放入发酵盒（C）。
※揉和好面团的温度以26℃为最佳。

发酵

6 将发酵盒放入温度为28~30℃、湿度为75%的发酵箱中发酵，发酵时间为40分钟（D）。
※此时发酵后的面团表面仍塌在一起，面团膨胀程度较轻。

拍打

7 将面团的左右两侧分别向中间折叠，轻轻拍打面团（P39）后，将其放回发酵盒中。
※此时面团的膨胀程度较轻，为使面团中仍留有气体，要对其轻轻拍打。

发酵

8 将发酵盒放入发酵箱中，采用同样的发酵条件将面团发酵90分钟（E）。
※面团表面不再黏合在一起，已经充分膨胀起来了，用手按压面团上会留下指痕。

分割、滚圆

9 将面团从发酵盒中取出后放到工作台上，分割成500g的小块。

10 将面团对折，滚成较短的棒状。

11 将面团摆在铺有白布的搁板上。

中间醒发

12 将整理好的面团放入发酵箱中，采用同样的发酵条件将面团发酵20分钟。
※在面团开始失去弹性之前，对其充分醒发。

成型

13 用手掌按压面团，排出面团中的气体。

14 将面团较为平整的一面向下放置，从面团一侧将其折叠1/3，用手掌掌跟部位将面团边缘压在面团上。将面团旋转180°，采用同样的方法将另一侧弯折1/3，并使其黏在面团上。

15 从一侧将面团对折，按压面团边缘位置，使其黏合在一起。

16 边从上向下用力按压边转动面团，将其整理成长40cm的棒状。

17 将白布铺在搁板上，白布整理出褶皱，将面团黏合部位向下摆放于白布上（F）。
※白布褶皱与面团之间要留出一指的空隙。

最终发酵

18 将面团放入温度为32℃、湿度为70%的发酵箱中发酵55分钟（G）。
※此时的面团发酵至用手轻轻按压时会留下指痕为最佳，发酵过度面团就容易发生变形，影响最后的造型效果，因此发酵时间不要过长，并尽早划制花纹。

烘烤

19 用长板将面团移到滑动托布上。撒上法式面包专用粉后，划上3条花纹（H）。
※划制花纹时，要将刀片倾斜放置，划的时候要稍用力，将花纹划得深些。

20 将发酵好的面团放入上火235℃、下火225℃的烤箱中，再喷入蒸汽，烘烤28分钟。

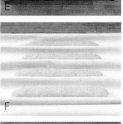
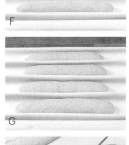

农夫面包的横切面

将融入黑麦粉和全麦粉的面团充分烘烤，使得农夫面包的面包皮较厚。面包心里分布着大大小小的气泡，气泡密度越高，就表明面包心的弹性越大。

布里面包
Pain brié

  布里面包是一款源自法国西北部诺曼底地区的面包。烘烤时为使面包更容易烤透，在面团表面会划上几条深深的花纹。

  此面包皮较硬，可以有效防止面包内部水分的蒸发，有利于长时间保存，以前是水手们行船必备食物之一。此款面包选用食材虽然较少，但油脂含量却较高，这也能有效防止面包变干变硬，起到延长保存时间的作用。

制作方法	间接发酵法（levain·mixte法）
食材	准备1kg（15个的分量）

	比例(%)	重量(g)
●levain·mixte种面团		
法式面包专用粉	100.0	2000
发酵面团※	6.0	120
食盐	2.0	40
水	62.0	1240
合计	170.0	3400
●主面团		
法式面包专用粉	100.0	1000
种面团	340.0	3400
食盐	2.0	20
起酥油	10.0	100
鲜酵母	1.5	15
麦芽提取物	0.3	3
水	20.0	200
合计	473.8	4738

※将无脂面团发酵4~5小时后得到的面团。本书中主要选用老式面包（P48）的面团。

种面团的搅拌	立式搅拌机 1挡3分钟 2挡2分钟 搅拌完温度为25℃
发酵	18小时（±3小时） 22~25℃ 75%
发酵主面团的搅拌	自动螺旋式搅拌机 1挡10分钟 2挡1分钟 搅拌完温度为26℃
发酵	30分钟 28~30℃ 75%
分割	300g
中间醒发	15分钟
成型	棒状（20cm）
最终发酵	60分钟 32℃ 70%
烘烤	面团表面划上花纹 22分钟 上火240℃ 下火230℃ 喷入蒸汽

levain · mixte种面团

1 参照法式乡村面包操作步骤1~5（P60）制作levain·mixte种面团。

主面团的搅拌

2 将制作主面团的全部食材放入搅拌机中，用1挡搅拌。

3 搅拌10分钟后，取出一部分面团拉抻，确认其搅拌状态（A）。
※此时，面团已经具备一定的黏性，较为光滑，但面团仍然很硬，拉抻时不容易变薄。

4 将搅拌机调至2挡，继续搅拌1分钟，确认面团的搅拌状态（B）。
※此时面团变得更为光滑，也更为紧实。

5 将面团整理平整、表面圆鼓之后，放入发酵盒中（C）。
※揉和好面团的温度以26℃为最佳。

发酵

6 将发酵盒放入温度为28~30℃、湿度为75%的发酵箱中发酵，发酵时间为30分钟（D）。
※此时发酵时间较短，面团仍塌在一起，膨胀程度较轻。用手按压面团时仍有较大的弹性。

分割、滚圆

7 将面团从发酵盒中取出后放到工作台上，分割成300g的小块。

8 将面团滚圆后摆在铺有白布的搁板上。

中间醒发

9 将整理好的面团放入发酵箱中，采用同样的发酵条件将面团发酵15分钟。
※此时的面团仍较硬，在面团开始失去弹性之前，对其充分醒发。

成型

10 用手掌按压面团，排出面团中的气体。
※此款面包是面包心较为密实的类型，因此排气的时候要将面团中的气体排尽。由于面团较硬，操作的时候可以慢慢按压，边排气边给面团整形。

11 将面团较为平整的一面向下放置，从面团一侧将其折叠1/3，用手掌掌跟部位将面团边缘压在面团上。

12 将面团旋转180°，采用同样的方法将另一侧弯折1/3，并使其黏在面团上。

13 从一侧将面团对折，按压面团边缘位置，使其黏合在一起。

14 边从上向下用力按压边转动面团，将其整理成长20cm的棒状（E）。
※转动面团时，要将两头转动成较细的形状，使整个面团呈现出两头细、中间粗的样子。

15 将白布铺在搁板上，白布整理出褶皱，将面团黏合部位向下摆放于白布上（F）。
※白布褶皱与面团之间要留出一指的空隙。

最终发酵

16 将面团放入温度为32℃、湿度为70%的发酵箱中发酵55分钟（G）。
※此时的面团发酵至用手轻轻按压时会留下指痕为最佳。发酵过度面团就容易发生变形，影响最后的造型，因此发酵时间不要过长，并尽早划出花纹。

烘烤

17 用长板将面团移到滑动托布上。在面团上划5条花纹（H）。
※划制花纹时，要将刀片直立起来，垂直于面团，划的时候要用力，划至4~5mm深。
※由于较硬面团在加热时不易熟透，所以要在面团上划上较深的划痕。

18 将面团放入上火240℃、下火230℃的烤箱中，再喷入蒸汽，烘烤22分钟。

A

B

C

D

E

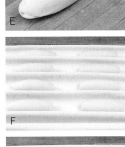

F

G

H

布里面包的横切面

该面包面团较硬，因为在烘烤时划入了较深的花纹，所以在横切面中可以清晰地看到面包表皮凹凸不平。经过高温烘烤之后，面包皮也变得较厚。面包心十分密实，少量圆形小气泡紧紧地排列着，具有很强的弹性。

全麦面包

Pain complet

　　最开始的全麦面包都是用全麦粉制作而成的，是一种味道较为浓重的法式面包。这里，我们将面粉与全麦粉按等量搭配混合在一起，与以前的全麦面包相比，口味淡些，更容易被普通大众接受。

　　含有麦麸和麦胚芽的全麦面包富含矿物质和膳食纤维，营养丰富，是典型的健康绿色食品。

制作方法	间接发酵法（levain·mixte法）
食材	准备3kg（23个的分量）

	比例(%)	重量(g)
●levain·mixte种面团		
法式面包专用粉	100.0	1800
发酵面团※	6.0	108
食盐	2.0	36
水	62.0	1116
合计	170.0	3060
●主面团		
法式面包专用粉	20.0	600
全麦粉	80.0	2400
种面团	100.0	3000
食盐	2.0	60
起酥油	3.0	90
高活性干酵母	0.5	15
麦芽提取物	0.3	9
水	74.0	2220
合计	279.8	8394

※将无脂面团发酵4~5小时后得到的面团。本书中主要选用老式面包（P48）的面团。

种面团的搅拌	立式搅拌机 1挡3分钟　2挡2分钟 搅拌完温度为25℃
发酵	18小时（±3小时） 22~25℃ 75%
主面团的搅拌	自动螺旋式搅拌机 1挡6分钟　2挡3分钟 搅拌完温度为26℃
发酵	50分钟 28~30℃ 75%
分割	350g
中间醒发	20分钟
成型	棒状（25cm）
最终发酵	50分钟 32℃ 70%
烘烤	将面团上点上小洞 30分钟 上火225℃　下火220℃ 喷入蒸汽

levain · mixte种面团

1 参照法式乡村面包步骤1~5（P60）制作 levain · mixte种面团。

主面团的搅拌

2 将制作主面团的全部食材放入搅拌机中（A），用 1挡搅拌。

3 搅拌6分钟之后，取出一部分面团拉抻，确认 其搅拌状态（B）。
※由于面粉中加入了大量的全麦粉，黏性较差，轻 轻一拉，团团就会破裂。

4 将搅拌机转换至2挡，继续搅拌3分钟，确认面 团的搅拌状态（C）。
※此时面团能够较为顺畅地被拉抻，但面团的黏性 仍然很差。

5 将面团整理平整、表面圆鼓之后，放入发酵盒 （D）。
※揉和好面团的温度以26℃为最佳。

发酵

6 将发酵盒放入温度为28~30℃、湿度为75%的 发酵箱中发酵，发酵时间为50分钟（E）。
※发酵后的面团稍微有些瘪。但已经充分发酵，足 够膨胀，用手轻轻按压，团团上会留下指痕。

分割、滚圆

7 将面团从发酵盒中取出后放到工作台上，分割 成350g的小块。

8 将面团轻轻滚圆。
※加入全麦粉的面团易碎，因此要轻轻滚圆。

9 将滚圆后的面团摆在铺有白布的搁板上。

中间醒发

10 将整理好的面团放入发酵箱中，采用同样的 发酵条件将面团发酵20分钟。
※在面团开始失去弹性之前，对其充分醒发。

成型

11 用手掌按压面团，排出面团中的气体。

12 将面团较为平整的一面向下放置，从面团一 侧将其折叠1/3，用手掌掌部位将面团边缘压 在面团上。
※面团容易破碎，按压的动作要轻一点、慢一点。

13 将面团旋转180°，采用同样的方法将另一 侧弯折1/3，并使其黏在面团上。

14 从一侧将面团对折，按压面团边缘位置，使 其黏合在一起。

15 边从上向下用力按压边转动面团，将其整理 成长25cm的棒状。

16 将白布铺在搁板上，白布整理出褶皱，将面 团黏合部位向下摆放于白布上（F）。
※白布褶皱与面团之间要留出一指的空隙。

最终发酵

17 将面团放入温度为32℃、湿度为70%的发酵 箱中发酵50分钟（G）。
※将面团发酵至充分膨胀。用手指轻轻按压面团会 留下指痕为最佳。

烘烤

18 用长板将面团移到滑动托布上。用细棍在面 包上方点几个小洞（H）。
※在面包上点小洞与在面包上划痕的作用是一样 的，都是为了防止烘烤过程中面包膨胀，引起裂 纹的产生。

19 将面团放入上火225℃、下火220℃的烤箱 中，再喷入蒸汽，烘烤30分钟。

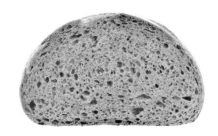

全麦面包的横切面
　　全麦面团在烘烤过程中不易膨胀，经过长 时间高温烘烤之后，面包形状较小，面包皮较 厚。面包心中均匀分布着小气泡，全麦粉的加 入使整个面团烘烤之后呈现独特的褐色，色泽 诱人、香气十足。

皇冠赛门餐包
Kaisersemmel

　　皇冠赛门餐包是流行于奥地利、德国的一种小型主食面包。面包表面用风车压模制作出精美的风车花纹，有的上面还点缀有罂粟籽※或白芝麻，不仅风味独特、香气十足，看起来也赏心悦目。将其从中间剖开，夹上您喜爱的食材也能成为美味的三明治。强烈建议您亲自动手，感受美味诞生的快乐。

※成熟的罂粟籽是无毒的，国际标准已将其列入调味料名录。但2005年我国卫生部要求：罂粟籽仅允许用于榨取食用油脂，不得在市场上销售或用于加工其他调味品。

制作方法　直接发酵法

食材　准备3kg（87个的分量）

	比例(%)	重量(g)
法式面包专用粉	90.0	2700
低筋面	10.0	300
食盐	2.0	60
脱脂奶粉	2.0	60
黄油	3.0	90
即发高活性干酵母	0.8	24
麦芽提取物	0.3	9
水	66.0	1980
合计	174.1	5223

黑麦粉、玉米淀粉、罂粟籽（白、黑）、
白芝麻

种面团的 搅拌	自动螺旋式搅拌机 1挡6分钟　2挡4分钟 搅拌完面团的温度26℃
发酵	90分钟（60分钟时拍 打） 28~30℃ 75%
分割	60g
中间醒发	20分钟
成型	圆形
最终发酵	65分钟（15分钟时造 型、装点） 32℃ 70%
烘烤	18分钟 上火235℃ 下火215℃ 喷入蒸汽 出炉后适当喷水

皇冠赛门餐包的横切面

　　由于在进行模具压制时特意保持了面团原有的形状，稍微造型，烘烤完的面包就呈现较为平整的横切面。面包在烘烤过程中喷入大量蒸汽，这样烤出的面包皮较薄，面包心呈现较为饱满的小球形，里面的气泡较小且分布均匀。

搅拌

1 将全部食材倒入搅拌机中，用1挡搅拌6分钟。搅拌过程中，取出部分面团，查看其搅拌状态。
※此时面团的黏性较差，面团表面仍有水分，看起来黏糊糊的。

2 将搅拌机调至2挡，搅拌4分钟，确认面团的搅拌状态。
※面团变得不再黏糊，用手拉抻，能够变薄。

3 将面团整理平整、表面圆鼓之后，放入发酵盒。
※揉和好面团的温度以26℃为最佳。

发 酵

4 将发酵盒放入温度为28~30℃、湿度为75%的发酵箱中发酵，发酵时间为60分钟。
※将面团充分发酵，直至其充分膨胀，用手按压面团会留下指痕。

拍 打

5 对面团整体按压，从左、右分别将面团折叠过来，以稍低力度拍打面团（P39）。将拍打后的面团放入发酵盒。
※因该面包接近于半硬面包的类型。为使烘烤后的面包心呈现较为密实的状态，要采用稍大的力量拍打面包。但是，此时将面团中的空气排尽就不利于之后发酵过程中面包的膨胀，故也不能太过用力拍。

发 酵

6 将发酵盒放入发酵箱中，采用同样的发酵条件将面团发酵30分钟。
※将面团充分发酵，直至其充分膨胀，用手按压面团会留下指痕。

分割、滚圆

滚圆之前　　滚圆之后

7 将面团从发酵盒中取出后放到工作台上，分割成60g的小块，并将面团滚圆。

※加入葡萄干和核桃仁的面团分割成500g。

8 将滚圆后的面团摆在铺有白布的搁板上。

中间醒发

9 将整理好的面团放入发酵箱中，采用同样的发酵条件将面团发酵20分钟。

※在面团开始失去弹性之前，对其充分醒发。

成型

10 用手掌按压面团，排出面团中的气体。

11 将面团较为平整的一面向下放置，转动面团将其充分滚圆。

※将面团中的气体排尽，注意不要将面团弄碎，将其充分滚圆，这样做出的面包心才会密实、整齐。

※当面团表面出现较大的气泡时，只需轻轻拍打气泡部分即可，这样可以保证面团不碎。

12 将面团底部捏在一起。

13 将面团捏合部位向下，放置于铺有白布的搁板上。

最终发酵、压型

14 将面团放入温度为32℃、湿度为70%的发酵箱中发酵15分钟。将黑麦粉和玉米淀粉等量混合后撒于面团表面。

15 将手闭合、弯折起来，面团黏合部位向下置于手掌上，用风车压模一次性压制出所需面团形状。

16 为将面团另一面也压制出花纹，压制时要用力。

17 压型之后，如果面团表面出现气泡，只需轻轻敲击气泡部位，将气体排出即可。整理好后，将面团花纹向下置于铺有白布的搁板上。

18 对面团上部进行点缀时，要将面团上部置于打湿的毛巾上。

19 将弄湿的面团上部蘸上罂粟籽或白芝麻,将蘸有罂粟籽和芝麻的一面向下,摆放在铺有白布的搁板上。

20 将纯面团或点缀之后的面团摆放在搁板上时,一定要用手捏一下面团,防止整理好的花纹展开。

21 面团摆放于搁板上的状态。

22 将面团放入发酵箱中,采用同样的发酵条件继续发酵50分钟。

※此时要对面团充分发酵,直至用手指轻按压面团时会留下指痕为止。面团发酵不充分时,做好的面包会中间膨胀、四周塌陷,不能充分体现出面包的形状。所以,发酵时一定要将面包边缘也发酵到膨胀,这样做出的面包才会美观。

成型

23 将面团有花纹的一面向上放置,移动到高位托布上。

24 将面团放入上火235℃、下火215℃的烤箱中,再喷入大量蒸汽,烘烤18分钟。

※烘烤时喷入大量蒸汽,做出的面包会呈现出较为美观的光泽,面团皮也较薄。

25 从烤箱中将面包取出后,放于冷却装置上进行冷却。要趁热在面包表面喷水,然后让面包在常温下正常冷却即可。

※在热的面包表面喷上水雾,面包会更亮、更有光泽。

皇冠赛门餐包的风车压模

手持压模手柄,对准面团,直接对面团压制,压出花纹。

绚丽美观的皇冠赛门餐包

皇冠赛门餐包很适合"专属于皇帝的美味面包"这一称呼,因为这种面包在追求美味的同时,还兼顾到了漂亮的外形。

具有5瓣花瓣的独特花纹以及面包扁平的形状,全部源自模具的作用。虽是用模具压制,面包却呈现较为清晰的花纹,这充分体现着面包师傅对模具压制时机的巧妙把握。将重新滚圆之后的面团压制,经最终发酵,面团会膨胀起来,花纹与面团周围就黏合在一起,使花纹变得很模糊。相反,模具压制进行晚了,压制时面团中被排出的气体很难在短时间内聚集起来,烘烤之后的面包就会塌在一起,既不美观也不好吃。因此,模具压制的时间一定把握好,这样才能做出色、香、味、形俱全的好面包。

因面团的具体状态而异,模具压制的时间基本是在成型后10~20分钟之内。此时的面团已发酵出2倍大,用手指轻轻按压,面团会变瘪。此时,进行模具压制为最佳。

瓦伊森面包
Weizenbrot

这是一种在德国本土很受欢迎的硬质主食面包。在德语中，Weizen是"小麦"的意思，brot是"大型面包"的意思。瓦伊森面包是一种只使用面粉进行制作的面包类型。

第二次世界大战之后，德国的小麦进口量不断攀升，这种面包的需求量也急速提高。

制作方法　　直接搅拌法

食材　　准备3kg（14个的分量）

	比例(%)	重量(g)
法式面包专用粉	100.0	3000
砂糖	0.5	15
食盐	2.0	60
黄油	1.0	30
即发高活性干酵母※	0.8	24
麦芽提取物	0.3	9
水	65.0	1950
合计	169.6	5088

※不添加维生素C的酵母。

种面团的搅拌	自动螺旋式搅拌机 1挡4分钟　2挡5分钟 搅拌完面团的温度为26℃
发酵	90分钟（60分钟时进行拍打） 28~30℃ 75%
分割	350g
中间醒发	20分钟
成型	棍状（25cm）
最终发酵	45分钟 32℃ 70%
烘烤	面团表面划上花纹 24分钟 上火235℃ 下火215℃ 喷入蒸汽

瓦伊森面包的横切面

面包呈现较为圆鼓、饱满的横切面。厚度恰到好处的面包皮富有咬劲、口齿留香、回味无穷。在成型过程中对面包充分排气，因此面包心中均匀分布着较为细小的气泡。面包心呈现出纯面粉面包特有的奶白色。

搅拌

1 将全部食材放入搅拌机中，1挡搅拌4分钟。

※面团仍未被搅拌成一团，表面呈现较为黏糊的状态。

2 取出部分面团拉抻，以确定面团的搅拌状态。

3 将搅拌机调至2挡，搅拌5分钟。

※此时面团被搅拌成一个整体。面团表面稍显光滑，不再黏糊糊的了。

4 对步骤3中面团的状态进行确认。

※面团虽能够被拉抻，但因面团质地较硬，不能被拉抻成较薄的薄膜状。

5 将面团整理成表面较为饱满的圆鼓状，放入发酵盒中。

※揉和好面团的温度以26℃为最佳。

发 酵

6 将发酵盒放入温度为28～30℃、湿度为75%的发酵箱中发酵，发酵时间为60分钟。

※面团充分发酵，直至其充分膨胀，用手按压面团会留下指痕。

拍 打

7 对面团整体按压，然后从左、右分别将面团折叠过来，再以"稍低强度拍打"面团（P40）。将拍打后的面团放入发酵盒。

※由于面团中选用了不含维生素C的酵母类型，面团发酵能力较弱。为使面团具有一定的劲道，要对面团采用比平时稍大力度拍打。但是，拍打时要将面团中的气体留住一部分，因为气体排尽不利于后期发酵。

发 酵

8 将发酵盒放入发酵箱中，采用同样的发酵条件将面团发酵90分钟。

※面团充分发酵，直至其充分膨胀，此时用手按压面团会留下指痕即可。

分割、滚圆

9 将面团从发酵盒中取出后放到工作台上，分割成350g的小块。

10 将面团轻轻滚圆。

滚圆之前　　　滚圆之后

11 将滚圆后的面团摆在铺有白布的搁板上。

中间醒发

12 将整理好的面团放入发酵箱中，采用同样的发酵条件将面团发酵20分钟。

※在面团开始失去弹性之前，对其充分醒发。

成 型

13 用手掌按压面团，排出面团中的气体。

14 将面团较为平整的一面向下放置，从面团一侧将其折叠1/3，用手掌掌跟部位将面团边缘压在面团上。

15 将面团旋转180°，采用同样的方法将另一侧弯折1/3，并使其黏在面团上。

16 从一侧将面团对折，按压面团边缘位置，使其黏合在一起。

※由于面团的质地较硬，按压时要轻一点，防止面团发生断裂现象。

17 边从上向下用力按压边转动面团，将其整理成长25cm的棒状。

※该面包的形状是较粗的棒状，因此，成型时要将较大的面团揉成短、粗形状，注意不要揉得太长。

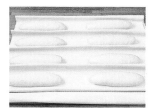

18 将白布铺在搁板上，白布要整理出褶皱，将面团黏合部位向下摆放于白布上。

※白布与面团之间要留出一指的空隙。

最终发酵

19 将面团放入温度为32℃、湿度为70%的发酵箱中发酵45分钟。

※面团中加入的是不含维生素C的酵母，面团容易变松弛。因此面团的发酵过程要在较短时间内结束。
※较硬的面团容易发生干燥现象，要注意这一点。

烘 烤

20 用长板将面团移到滑动托布上。用刀片在面包上划上5条花纹。

※划制花纹时，要将刀片直立起来，使其垂直于面团，划痕的深度为4～5mm即可。

21 将面团放入上火235℃、下火215℃的烤箱中，再喷入大量蒸汽，烘烤24分钟。

※烘烤时喷入大量蒸汽，做出的面包会呈现出较为美观的光泽，面包皮较薄、面包的造型也更美观。

瑞士黑面包
Schweizerbrot

　　这种面包虽被叫做"瑞士黑面包"，但与瑞士却没有什么关系。制作瑞士黑面包时，通常会搭配约两成的黑麦粉。这种面包与只使用面粉制作的瓦伊森面包都是德国中型主食面包的典型。瑞士黑面包以其富有咬劲、口齿留香的面包皮和风味浓郁、香弹柔软的面包心为主要特征。

制作方法　直接发酵法

食材　准备3kg（26个的分量）

	比例(%)	重量(g)
法式面包专用粉	85.0	2550
黑麦粉	15.0	450
食盐	2.0	60
脱脂奶粉	2.0	60
黄油	2.0	60
即发高活性干酵母※	0.8	24
麦芽提取物	0.3	9
水	68.0	2040
合计	175.1	5253
黑麦粉		少量

※不添加维生素C的酵母。

种面团的搅拌	自动螺旋式搅拌机 1挡4分钟　2挡4分钟 搅拌完面团的温度为26℃
发酵	90分钟（60分钟时拍打） 28~30℃　75%
分割	200g
中间醒发	20分钟
成型	球形
最终发酵	40分钟　32℃　70%
烘烤	撒上黑麦粉，面包表面划上花纹 24分钟 上火240℃　下火220℃ 喷入蒸汽

瑞士黑面包的横切面

与瓦伊森面包（P76）一样，瑞士黑面包横切面也较为圆鼓、饱满。厚度恰到好处的面包皮富有咬劲、口齿留香、回味无穷。面包心中较为细小的圆形气泡整齐排列，口感香弹。瑞士黑面包中添加了黑麦粉，因此，面包颜色比瓦伊森面包要深一些，呈现淡淡的褐色。

搅拌

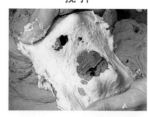

1 将全部食材放入搅拌机中，用1挡搅拌。搅拌至4分钟时，取出部分面团拉抻，确认其搅拌状态。
※由于面团中加入了黑面粉，面团的黏性较差，面团表面黏糊糊的且较为柔软。

2 将搅拌机调至2挡，搅拌4分钟，并确认面团的搅拌状态。
※此时面团虽然仍黏糊糊的，但是能够被拉抻变薄。

3 将面团整理成表面较为饱满的圆鼓状，放入发酵盒中。
※揉和好面团的温度以26℃为最佳。

发酵

4 将发酵盒放入温度为28~30℃、湿度为75%的发酵箱中发酵，发酵时间为60分钟。

拍打

5 对面团整体按压，从左、右分别将面团折叠过来，再以稍低强度拍打面团（P39）。将拍打后的面团放入发酵盒。
※这种面团的膨胀能力较弱，因此要采用"稍低强度拍打"，不要将面团中的气体排尽。气体排尽后面团不容易膨胀起来，会导致发酵不充分。

发酵

6 将发酵盒放入发酵箱中，采用同样的发酵条件将面团发酵30分钟。
※此时，面团表面已不再呈黏糊状。此阶段要将面团充分发酵，直至用手按压面团会留下指痕为止。

分割、滚圆

7 将面团从发酵盒中取出后放到工作台上，并分割成200g的小块。

8 将小块面团轻轻滚圆。

滚圆之前　　滚圆之后

9 将滚圆后的面团摆在铺有白布的搁板上。

中间醒发

10 将整理好的面团放入发酵箱中，采用同样的发酵条件将面团发酵20分钟。

※在面团开始失去弹性之前，对其充分醒发。

成 型

11 用手掌按压面团，排出面团中的气体。

12 将面团较为平整的一面向下放置并滚圆。

※此种面团与只含有面粉的面团相比，黏性较差，面团容易发生断裂。

13 将面团底部捏在一起。

14 将面团捏合部位向下，放置于铺有白布的搁板上。

最终发酵

15 将面团放入温度为32℃、湿度为70%的发酵箱中发酵40分钟。

※如果此阶段发酵过度，面团容易变形，烤制出的面包也不美观。为避免以上情况的发生，发酵过程要尽早结束。将面团发酵至用手按压时指痕会慢慢恢复为宜。

烘 烤

16 在面团上撒上适量黑麦粉。

※如果黑麦粉撒得过多，烤好的面包上会有一层厚厚的干粉，影响面包的口感和美观，因此要注意量的把握。

17 将面团移动到滑动托布上，在面团上用刀片划出十字花纹。

18 将面团放入上火240℃、下火220℃的烤箱中，再喷入蒸汽，烘烤24分钟。

※为使烤制出面包的面包皮能稍厚一些，要将面包充分烘烤。

芝麻餐包
Sesambrötchen

sesam是"芝麻"的意思，brötchen是"小型面包"的意思。

芝麻餐包是主食面包的一种变化形式，其主要特点：用模具压制出漂亮外观的同时，在餐包上点缀白色芝麻，经过精心烘烤之后，色、香、味、形俱全。

一般来说，芝麻餐包中会添加约两成的全麦粉或黑麦粉，这样做出的餐包才会风味独特、富有咬劲。

制作方法	间接发酵法（前面团法）	
食材	准备3kg（85个的分量）	

	比例(%)	重量(g)
●前面团		
法式面包专用粉	25.00	750.0
食盐	0.50	15.0
高活性干酵母	0.05	1.5
水	15.0	450.0
●主面团		
法式面包专用粉	45.00	1350.0
黑麦粉	20.00	600.0
全麦粉	10.00	300.0
食盐	1.50	45.0
高活性干酵母	0.50	15.0
麦芽提取物	0.30	9.0
水	54.0	1620.0
合计	171.85	5155.5
白芝麻		适量

※将无脂面团发酵4～5小时后的得到的面团。
本书中主要选用老式面团（P48）的面团。

种面团的搅拌	立式搅拌机 1挡3分钟 2挡2分钟 搅拌完温度为25℃
发酵	18小时（±3小时） 22～25℃ 75%
主面团的搅拌	自动螺旋式搅拌机 1挡5分钟 2挡4分钟 搅拌完温度为26℃
发酵	70分钟 28～30℃ 75%
分割	60g
中间醒发	15分钟
成型	圆形
最终发酵	55分钟 （发酵10分钟进行模具的压制、撒白芝麻） 32℃ 70%
烘烤	18分钟 上火235℃ 下火215℃ 喷入蒸汽

芝麻餐包的横切面

芝麻餐包与皇冠赛门餐包一样，都是用模具压制的面包类型。采用模具精心压制之后，面包的造型就能得到很好地控制，呈现出较为平整的横切面。由于面包中掺入了黑麦粉或全麦粉，虽为小型面包，但仍然需要很长时间的烤制。面包皮较厚，面包心中均匀分布着较为细小的气泡。

种面团的搅拌

1 将种面团所需全部食材倒入搅拌机中，用1挡搅拌3分钟。

※此时，将面团中全部食材混合均匀为宜。面团的黏性较差，轻轻一拉，面团就会断裂。

2 将搅拌机调至2挡，搅拌2分钟。

※此时，面团中全部食材已混合均匀，成为一个整体。由于此种面团的质地较硬，面团不易被拉抻。

3 将面团整理平整、表面圆鼓之后，放入碗中。

※由于面团较硬，需要将面团移到工作台上进行整理。
※揉和好面团的温度以25℃为最佳。

发 酵

4 将发酵碗放入温度为22～25℃、湿度为75%的发酵箱中发酵，发酵时间为18小时。

※此时面团充分发酵，直至其膨胀。
※一般来说，种面团的发酵时间为18小时，具体可根据实际情况调整，但基本上以15～21小时为最佳。

主面团的搅拌

5 将主面团所需的全部食材以及步骤4中发酵好的种面团放入搅拌机中，用1挡搅拌5分钟。搅拌过程中，取一部分面团拉抻，确认其搅拌状态。

※此时，面团中的全部食材虽几乎均匀混合，但面团的黏性仍然较差，慢慢用力拉抻，面团很容易断裂。

6 将搅拌机调整至2挡搅拌4分钟，搅拌过程中注意确认面团的搅拌状态。

※此时的面团虽然能被稍稍拉抻，但面团的黏性仍然很差，面团表面也黏糊糊的。由于此款面包更加注重的是面包的风味，对面团造型能力的要求不是很高，因此，只需稍微搅拌即可。

7 将面团整理一下，使其表面呈现较为圆鼓的状态。将整理好的面团放入发酵盒中。

※揉和好面团的温度以26℃为最佳。

发 酵

8 将发酵盒放入温度为28～30℃、湿度为75%的发酵箱中发酵，发酵时间为70分钟。

※此时面团充分发酵，其表面的黏稠感也渐渐消失。

分割、滚圆

9 将发酵好的面团放到工作台上，分成60g的小块，并将小面团轻轻滚圆。

滚圆之前　　　　滚圆之后

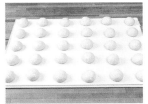

10 将面团摆到铺有白布的搁板上。

中间醒发

11 将整理好的面团放入发酵箱中，采用同样的发酵条件将面团发酵15分钟。

※在面团开始失去弹性之前，让其充分醒发。

成 型

12 用手掌按压面团，排出面团中的气体。将面团较为平整的一面向下放置，转动面团将其充分滚圆。

※此种面团易碎，滚圆时要注意力度的把握。

13 将面团底部捏在一起。

14 将面团捏合部位向下，放置于铺有白布的搁板上。

最终发酵、压型、点缀

15 将面团放入温度为32℃、湿度为70%的发酵箱中发酵10分钟。

※经过发酵之后，面团的弹力会变小一些。

16 用模具按压面团，压制出所需花纹。

※由于面团易碎，压制时要慢慢用力。按压要充分，按压至模具接触到工作台为止。

17 将压制好的面团 有花纹一面向下放在打湿的毛巾上，这样面团就被润湿了。将面团润湿的一面蘸上适量白芝麻。

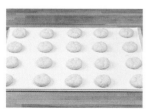

18 将面团蘸有芝麻的一面向下，摆放在铺有白布的搁板上。

19 将面团放入发酵箱中，采用与步骤15中同样的发酵条件继续发酵45分钟。

※此时面团充分发酵，直至用手指轻轻按压面团会留下指痕为止。如果面团发酵不充分，做好的面包会中间部位膨胀、四周塌陷，面团的形状也不会充分体现出来。所以，发酵时面包边缘也要发酵到膨胀，这样做出的面包才会美观。

烘烤

20 将面团有花纹的一面向上放置，移动到高位托布上。

21 将面团放入上火235℃、下火215℃的烤箱中，再喷入蒸汽，烘烤18分钟即可。

制作芝麻餐包时
用到的模具

制作芝麻餐包时，选用的模具不一定是某种固定形状的，您可以根据个人喜好选择。

意大利拖鞋面包
Ciabatta

在意大利语中Ciabatta是"拖鞋"的意思，意大利拖鞋面包正如其名那样，就是一种形如拖鞋的面包种类。制作时，将面团分割成长方形，将经发酵之后的面团用手拉抻，面团就变成长条状的了。

拖鞋面包原产自意大利北部伦巴第地区，具有意大利北部地区特色。时至今日，拖鞋面包作为一种硬质主食面包，深受意大利人的喜爱。

制作方法　间接发酵法（前面团法）
食材　准备2kg（8个的分量）

	比例（%）	重量（g）
●种面团		
法式面包专用粉	100.0	2000
即发高活性干酵母	0.5	10
水	45.0	900
●主面团		
食盐	2.0	40
脱脂奶粉	2.0	40
麦芽提取物	0.5	10
水	25.0	500
合计	175.0	3500

种面团的搅拌	自动螺旋式搅拌机 1挡3分钟　2挡2分钟 搅拌完温度为24℃
发酵	18小时（±3小时） 22~25℃ 75%
主面团的搅拌	自动螺旋式搅拌机 1挡30分钟　2挡1分钟 搅拌完温度为25℃
发酵	40分钟 28~30℃ 75%
分割、成型	参照制作方法
最终发酵	30分钟 32℃ 70%
烘烤	20分钟 上火230℃ 下火230℃ 喷入蒸汽

准备工作
　脱脂奶粉直接加到面团中不易搅拌均匀，因此，在主面团搅拌时，取出一部分搅拌用水将脱脂奶粉事先溶解好。

意大利拖鞋面包的横切面
　烤制的时候特意将其烤制成面包皮较薄的类型，因此，烤制好的面包皮较薄，面包横切面较为平整，面包心也较为柔软。由于此种面包的面团含水量较大，较为柔软，在烘烤过程中面团急剧膨胀，面包心中分布着许多较大的气泡。

种面团的搅拌

1 将面团所需全部食材倒入搅拌机中。

2 用搅拌机1挡将食材搅拌3分钟。

※此时的面团中已经完全没有干面粉，所有食材均匀分布，但面团仍未被搅拌成一团，面团较硬，表面较为粗糙，且不会有黏稠感觉。

3 将搅拌机调至2挡搅拌2分钟。

※此时经过搅拌的面团渐渐具备一定的黏性，面团表面也变得更加光滑，但是，此时面团的延展性仍然很差，轻轻拉抻面团就会断裂，面团的断裂面也较为粗糙。

4 将搅拌好的面团整理好，放入发酵盒中。

※此种面团质地较硬，要在工作台上轻轻按压整理。此时不需要将面团表面整理得很光滑，只需稍加整理即可。
※揉和好面团的温度以24℃为最佳。

发 酵

5 将发酵盒放入温度为22~25℃、湿度为75%的发酵箱中发酵，发酵时间为18小时。

※制作种面团，需要将所有面粉都加到里面，因此种面团的状态就决定了最后做出面包的口味。处理面团尤其要注意面团的搅拌以及发酵的温度。发酵时，若温度过高容易发酵过度，影响面包的口味。此外，要注意这种面团较硬，其表面容易变干。
※一般来说，种面团的发酵时间为18小时，具体可根据实际情况调整，但基本上以15~21小时为最佳。

主面团的搅拌

6 将除食盐之外制作主面团的全部食材以及步骤5中做好的种面团放入搅拌机中，用1挡搅拌30分钟。

7 图中为搅拌2分钟后的面团状态。

※种面团渐渐被搅碎，但面团仍然呈现固体与液体混杂的状态。

8 图中为搅拌10分钟后面团的状态。

※可以看到面团不断被搅碎，与水混合在一起，但是此时面团的黏性仍然很差。调整水要在搅拌机中的水分搅拌均匀后加入。

9 图中为搅拌20分钟的面团状态。

※此时，面团的黏性增强，几乎被搅拌成一团，面团黏在搅拌机周围，表面水分含量仍然很大。

10 图中为搅拌30分钟的面团状态。

※此时，面团会黏在搅拌机底部，但面团表面已经变得十分光滑了。

11 取出一部分步骤10中搅拌的面团查看，确认面团的搅拌状态。

※此时，面团虽能被光滑地伸展开，但由于没有加入食盐，即使搅拌30分钟，面团表面仍然很黏。

12 将搅拌机调至2挡，一边转动搅拌机一边慢慢加入食盐。

※加入食盐后，面团就变得紧实，不会很黏糊，转动搅拌机时，面团也不容易黏到搅拌机底部了。

13 继续搅拌1分钟后取出部分面团，确认其搅拌状态。

※拉抻面团，发现其变得更加光滑了。加入食盐后，面团变得更加细腻、紧实，黏性增强，但此时的面团仍然较为黏糊，十分柔软。

14 将面团整理一下，使其表面呈现较为圆鼓的状态，将整理好的面团放入发酵盒中。

※揉和好面团的温度以25℃为最佳。

发 酵

15 将发酵盒放入温度为28～30℃、湿度为75%的发酵箱中发酵，发酵时间为40分钟。

※此时面团虽然膨胀起来，但仍然较为黏糊。

分割、成型

16 先在工作台上撒适量干粉，将面团从发酵盒中取出后放到工作台上，用擀面杖擀成宽25cm、厚2cm的长方体面块。

※擀面团的时候也要在面团上撒适量干粉。

17 将擀好的面团撒上适量干粉，从一侧将面团折叠1/3。继续撒干粉，另一侧也采用同样的方法。

※面团撒上干粉的部分在烘烤过程中会形成裂纹，但撒得过少，面团就会黏在一起，不容易形成裂纹，因此，要精微多撒一些干面粉。

18 将整理好的面团翻过来，摆放在铺有白布的搁板上，面团上盖一块透明塑料薄膜，将面团置于常温中醒发10分钟。

19 面团醒发之后的状态。

※面团的弹性有所减小为最宜。

20 从一侧将面团8等分。

21 将白布铺在搁板上，白布上撒适量干粉，将面团切口位置向上摆在搁板上。

※面团切口位置较黏糊，要尽量多撒些干粉。

最终发酵

22 将面团放入温度为32℃、湿度为70%的发酵箱中发酵30分钟。

※由于面团在烘烤之前要适当拉抻、造型，因此要尽早结束发酵过程。

烘 烤

23 保持面团切口向上的状态，轻微拉抻后面团移到滑动托布上。

※拉抻面团时，如果面团变瘪，就说明面团已发酵过度。

24 将面团放入上火230℃、下火230℃的烤箱中，再喷入蒸汽，烤制20分钟即可。

西西里面包

Pane siciliano

西西里面包是位于意大利半岛前端西西里岛的传统食物，面包选用硬粒小麦面粉制作，且制作方法较为简单。

硬粒小麦作为意大利面的主要食材被人们所熟知，是一种蛋白质和胡萝卜素含量较高的高营养小麦品种。

意大利的西西里岛盛产硬粒小麦和白芝麻，这种西西里面包也就应运而生，成为当地的主食面包了。

制作方法	直接搅拌法
食材	准备3kg（10个的分量）

	比例(%)	重量(g)
硬粒小麦粉	100.0	3000
食盐	2.0	60
即发高活性干酵母	1.5	45
水	70.0	2100
合计	173.5	5205
白芝麻		适量

搅拌	自动螺旋式搅拌机 1挡4分钟 2挡4分钟 搅拌完面团的温度为26℃
发酵	50分钟 28~30℃ 75%
分割	500g
中间醒发	10分钟
成型	棍状（30cm） 蘸适量白芝麻
最终发酵	40分钟 32℃ 70%
烘烤	面团表面划上花纹 30分钟 上火220℃ 下火210℃ 喷入蒸汽

西西里面包的横切面

由于西西里面包选用超硬质高蛋白面粉，烤出的面包皮较厚，口感较硬。面包心中会形成硬粒小麦粉特有的面筋组织，分布着大小较为均匀的气泡。特别值得一提的是，硬粒小麦粉中胡萝卜素的含量较高，因此，此款面包的面包心会与意大利面包的面包心一样呈现金黄色。

搅拌

1 将全部食材放入搅拌机中，用1挡搅拌。

2 将面团搅拌4分钟后，取出部分面团拉抻，确认其搅拌状态（A）。
※此时，面团中的食材虽均匀分布，但面团表面仍较为粗糙。面团内部的黏性也较差，表面黏糊糊的。

3 将搅拌机调至2挡，继续搅拌4分钟，取出适量面团，确认其搅拌状态（B）。
※此时，面团表面变得十分光滑，拉抻时面团能够变薄，但是仍然会有些凹凸不平。

4 将面团整理一下，使其表面呈现较为圆鼓的状态，将整理好的面团放入发酵盒中（C）。
※揉和好面团的温度以26℃为最佳。

发酵

5 将发酵盒放入温度为28～30℃、湿度为75%的发酵箱中发酵，发酵时间为50分钟（D）。
※此时面团充分发酵，直至轻轻按压其表面会有指痕留下为止。

分割、滚圆

6 将面团拿到工作台上，分割成500g的小块。

7 将面团滚圆，摆放到铺有白布的搁板上。

中间醒发

8 将整理好的面团放入发酵箱中，采用同样的发酵条件将面团发酵10分钟。
※在面团开始失去弹性之前，让其充分醒发。

成型

9 用手掌按压面团，排出面团中的气体。

10 将面团较为平整的一面向下放置，从一侧将面团弯折1/3，用手掌掌跟部位将面团边缘压到面团上。

11 将面团旋转180°，从另一侧将面团弯折1/3，采用同样的方法将面团边缘黏在面团上。

12 从一侧将面团向另一侧对折，边缘按压到一起。
※这种面团易碎，在按压的时候要尽量轻一些。

13 一边从上面对面团按压一边将其转动起来，整理成长度为30cm的棒状。

14 将面团黏合部位的反面在湿布上沾湿。

15 将白芝麻倒在方形平底盘里，面团沾湿的一侧向下放入盘中，轻轻按压面团使白芝麻黏到面团上（E）。

16 将白布铺在搁板上，整理出褶皱后，将面团沾有白芝麻的一面向下，摆放在白布上（F）。
※要将褶皱和面团之间留出一指空隙。

最终发酵

17 将面团放入温度为32℃、湿度为70%的发酵箱中发酵，发酵时间为40分钟左右（G）。
※此时让面团充分发酵，直至用手指轻轻按压面团会留下指痕为止。

烘烤

18 将发酵好的面团移到滑动托布上，在面团上方用刀划3条花纹（H）。
※进行花纹划制的时候要将刀子倾斜放置。

19 将发酵好的面团放入上火220℃、下火210℃的烤箱中，再喷入蒸汽，烘烤30分钟。
※由于该种面包属于较大型面包，烤制时间比较长，烤的时候要注意防止芝麻烤糊。

托斯卡纳无盐面包
Pane toscano

　　托斯卡纳无盐面包是意大利以佛罗伦萨为中心的托斯卡纳地区最具代表性的主食面包，以其无盐的口味闻名于世界，被人们广为喜爱。

　　面包中不添加食盐的做法始于12世纪，当时意大利被其他国家切断了食盐的流通途径，导致国内食盐价格暴涨，为降低面包的生产成本，人们开始制作无盐面包。

　　通常来说，不加入食盐的面包会缺乏韧性，变得软塌塌的。人们通过添加酵母制作发酵种的方法弥补了这一缺陷，使做出的面包具有很强的造型感。

制作方法	间接发酵法（种面团）	
食材	准备3kg（16个的分量）	
	比例(%)	重量(g)
● 种面团		
法式面包专用粉	50.00	1500.0
即发高活性干酵母	0.25	7.5
水	25.00	750.0
● 主面团		
法式面包专用粉	50.00	1500.0
即发高活性干酵母	0.50	15.0
麦芽提取物	0.60	18.0
水	35.00	1050.0
合计	161.35	4840.5
法式面包专用粉		适量

种面团的搅拌	立式搅拌机 1挡3分钟 2挡3分钟 搅拌完温度为25℃
发酵	18小时（±3小时） 22~25℃ 75%
主面团的搅拌	自动螺旋式搅拌机 1挡5分钟 2挡2分钟 搅拌完温度为26℃
发酵	40分钟 28~30℃ 75%
分割	300g
中间醒发	15分钟
成型	棍状（18cm） 撒上法式面包专用粉
最终发酵	40分钟 32℃ 70%
烘烤	在面团表面划上花纹 25分钟 上火230℃ 下火220℃ 喷入蒸汽

托斯卡纳无盐面包的横切面

　　在烘烤过程中面团会慢慢膨胀，因此，面团的横切面呈椭圆形。面团中没有加入食盐，烘烤后的面包皮颜色较淡，厚度也较厚。从上、下面包皮都能看到面包中气泡破裂的痕迹，气泡裂开的位置明显泛白。

种面团的搅拌

1 将面团所需的全部食材倒入搅拌机中。

2 用搅拌机1挡将食材搅拌3分钟。

※此时的面团中已经完全没有干面粉，所有食材均匀分布，但面团仍未被搅拌成一团，表面较为粗糙。整个面团较硬，表面不会有黏稠感觉。

3 将搅拌机调至2挡搅拌3分钟。

※此时经过搅拌的面团渐渐有一定的黏性，表面也变得更加光滑。但是，此时面团的延展性仍然很差，轻轻拉抻就会断裂，而且面团较厚。

4 将搅拌好的面团整理好，放入发酵盒中。

※此种面团质地较硬，要在工作台上轻轻按压，稍加整理。但不需要将面团表面整理得很光滑。

※揉和好面团的温度以25℃为最佳。

发 酵

5 将发酵盒放入温度为22~25℃、湿度为75%的发酵箱中发酵，发酵时间为18小时。

※要注意这种面团较硬，表面也会容易变干。

※一般来说，种面团的发酵时间为18小时，具体可根据实际情况调整，但基本上以15~21小时为最佳。

主面团的搅拌

6 将除食盐之外制作主面团的全部食材以及步骤5中做好的种面团放入搅拌机中，用搅拌机1挡搅拌。

7 图中为搅拌5分钟后的面团状态，取出一部分面团用手拉抻，确认其发酵状态。

※此时，面团虽被搅拌后黏合在一起，但其表面仍然很粗糙，黏性也较大。用力拉抻后断裂面也不太平整。

8 将搅拌机调整至2挡搅拌2分钟后，取出适量面团，确认其搅拌状态。

※此时，面团表面变得十分光滑，用力拉抻也会变薄，断裂面也较为平整。但由于面团中没有加入食盐，搅拌后的面团很黏。

9 将面团整理一下，使其表面呈现较为圆鼓的状态，将整理好的面团放入发酵盒中。

※揉和好面团的温度以26℃为最佳。

发 酵

10 将发酵盒放入温度为28~30℃、湿度为75%的发酵箱中发酵，发酵时间为40分钟。

※此时面团充分发酵，使其充分膨胀，直至用手指按压会留下指痕为止。

分割、滚圆

11 将发酵好的面团取出后置于工作台上，分割成300g的小块。

12 将面团滚圆。

※由于面团的黏性较差，滚圆时要防止用力过猛而使面团表面变粗糙。

滚圆之前　　　滚圆之后

13 将面团摆在铺有白布的搁板上。

19 将面团黏合位置向下，放入装有法式面包专用粉的方形平底盘中，黏上适量面粉。

中间醒发

14 将面团放入与发酵时相同条件的发酵箱中醒发15分钟。

20 将白布铺在搁板上，白布整理出褶皱之后，面团黏合位置向下摆在白布上。

※面团与白布褶皱之间要留出一指空隙。

成 型

15 用手掌按压面团，排出面团中的空气。

最终发酵

21 将 面 团 放 入 温 度 为 32℃、湿度为70%的发酵箱中发酵40分钟。

※图中为面团充分发酵之后的状态。此时如果面团发酵不充分，其延展性就较差，面团的造型能力就会很差。

16 将面团较为平整的一面向下放置，从一侧将面团折叠1/3，用掌跟部位将面团边缘按压到面团上。

烘 烤

22 用长板将面团移到滑动托布上，在面团上方划上1条花纹。

※进行花纹划制的时候，要将刀片倾斜放置。

17 将面团旋转180°，采用同样的方法折叠1/3，将面团边缘按压到面团上。

23 将面团放入上火230℃、下火220℃的烤箱中，再喷入蒸汽，烤制25分钟即可。

18 将面团从一侧向另一侧对折，面团边缘位置用力按压到一起，将面团整理成长18cm的棒状。

※由于面团的黏性较差，容易断裂，按压时要尽量用力小些，慢慢按压即可。

半硬面包

德式汉堡
Rundstück

    Rundstück在德语中是"圆形块状物"的意思。在德国，早餐时人们经常在汉堡包上涂抹黄油、果酱等，并搭配咖啡食用。德式汉堡因其加入食材较少，属于半硬面包，但其口感却十分柔软，给人入口即化之感。装点在面包之上的罂粟籽，更是将面包的香味衬托得淋漓尽致。

制作方法　直接发酵法
食材　准备3kg（91个的分量）

	比例(%)	重量(g)
法式面包专用粉	100.0	3000
砂糖	2.5	75
食盐	2.0	60
脱脂奶粉	3.0	90
起酥油	3.0	90
即发高活性干酵母	0.8	24
鸡蛋	5.0	150
水	66.0	1980
合计	182.3	5469
罂粟籽（白）		适量

种面团的搅拌	自动螺旋式搅拌机 1挡4分钟　2挡5分钟 搅拌完面团的温度为26℃
发酵	90分钟（60分钟时拍打） 28～30℃　75%
分割	60g
中间醒发	20分钟
成型	圆形
最终发酵	70分钟　32℃　70%
烘烤	喷上适量水雾、撒上罂粟籽 15分钟 上火230℃　下火200℃ 喷入蒸汽

德式汉堡的横切面

　　面包的形状是较为简单的球形，在烤制过程中面团会不断膨胀，逐渐成为较为美观的椭圆形，这样，面包的横切面也就是椭圆形的了。面包皮较薄，面包心靠上的位置会略显粗糙。由于面团中加入了全蛋液，面包心呈现较为诱人的奶白色。

发 酵

1 将全部食材放入搅拌机中，搅拌机调至1挡，搅拌4分钟。

※此时，面团虽被搅成一团，但仍然较为粗糙。

2 取出一部分步骤1中搅拌的面团，对其搅拌状态进行确认。

※此时，面团表面仍然粗糙，黏性较差。拉抻面团时，容易断裂。

3 将搅拌机调至2挡，搅拌5分钟。

※面团在搅拌过程中不会再黏到搅拌机底部，面团表面也开始变得光滑。

4 确认步骤3中面团的状态。

※虽然面团仍不能被拉抻得很薄，但搅拌完的面团已经几乎没有斑点，变得十分光滑了。

5 将搅拌好的面团整理好，放入发酵盒中。

※揉和好面团的温度以26℃为最佳。

发 酵

6 将面团放入温度为28～30℃、湿度为75%的发酵箱中发酵，发酵时间为60分钟。

※此时要将面团充分发酵，直至用手指按压能够留下指印为止。

拍打

7 按压面团，排出面团中的气体，将面团的左、右两侧分别向中间折叠，轻轻拍打面团（P39）后，将其放回发酵盒中。

※由于这种面包的面包心较为密实、气孔较小，与硬面包相比拍打的强度要大些。

发酵

8 将面团放入相同条件的发酵箱中，继续发酵30分钟。

分割、滚圆

9 将面团取出后放到操作台上，分割成60g的小块。

滚圆之前　　　滚圆之后

10 将分割后的小面团轻轻滚圆。

11 将面团摆在铺有白布的搁板上。

中间醒发

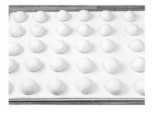

12 将面团放入与发酵时相同条件的发酵箱中，醒发20分钟。

※在面团开始失去弹性之前，对其充分醒发。

成型

13 用手掌部位按压面团，排出面团中的气体，将面团较为光滑的一面向下放置，充分滚圆面团。

14 将面团底部捏合在一起。

※为防止面团捏合部位松开，捏的时候要尽量用力，使其黏合到一起。

15 将面团捏合部位向下，摆放于烤盘上。

最终发酵

16 将面团放入温度为32℃、湿度为70%的发酵箱中发酵，发酵时间为70分钟。

※让面团充分发酵，直至其充分膨胀。此时发酵不充分，面团底部就会出现裂纹，请尽量避免。

烘烤

17 在发酵好的面团上喷适量水，撒上罂粟籽。

18 将发酵好的面团放入上火230℃、下火200℃的烤箱中，再喷入蒸汽，烘烤15分钟即可。

德式长棍面包
Stangen

Stangen在德语中是"长棍"的意思。德式长棍面包作为一种点心面包，深受德国和奥地利人的喜爱，从纯面包到面包上装点芝麻、罂粟籽和粗盐等，种类繁多，变化多样。将奶酪调到面团里或者点缀在面团上，经高温烤制之后都能营造出美味的口感。这种面包是德国人餐桌上无法替代的下酒食品。想要深刻体会德国人的惬意生活，就一定不要错过地道的德式长棍面包！

制作方法 直接发酵法

食材 准备3kg（82个的分量）

	比例(%)	重量(g)
法式面包专用粉	100.0	3000
食盐	2.0	60
脱脂奶粉	3.0	90
黄油	2.0	60
鲜酵母	2.0	60
鸡蛋	5.0	150
麦芽提取物	0.3	9
水	50.0	1500
合计	164.3	4929
罂粟籽（白、黑）		适量

搅拌	自动螺旋式搅拌机 1挡6分钟 2挡2分钟 搅拌完面团的温度为26℃
发酵	60分钟 28～30℃ 75%
分割	60g
中间醒发	15分钟
成型	擀薄之后卷在一起 撒上罂粟籽
最终发酵	40分钟 32℃ 70%
烘烤	18分钟 上火230℃ 下火190℃ 喷入蒸汽

德式长棍面包的横切面

　　面包在烤制的时候喷入了大量的蒸汽，这样烤制出的面包皮较薄。面团成型时是用压面机将面团压薄之后卷在一起的，烤制出的面包的气孔呈漩涡状。

搅拌

1 将全部食材放入搅拌机中，用1挡搅拌。

2 搅拌6分钟后，取出部分面团，确认其搅拌状态。

※此时面团中的食材虽均匀分布，但面团还未被充分搅拌，表面仍凹凸不平，黏性较差。由于该种面团较硬，其表面也不会太黏糊。

3 将搅拌机调至2挡，搅拌2分钟，搅拌过程中确认面团的搅拌状态。

※此时面团虽能够被拉抻，但将面团进一步拉抻变薄时，面团容易破裂。

4 将面团整理成表面较为饱满的圆鼓状。

※由于面团质地较硬，可在操作台上按压整理。

5 将整理好的面团放入发酵盒中。

※揉和好面团的温度以26℃为最佳。

发酵

6 将发酵盒放入温度为28～30℃、湿度为75%的发酵箱中发酵，发酵时间为60分钟。

※此时，面团虽然已充分发酵，但由于面团质地较硬，用手指按压面团会迅速恢复原状。

分割、滚圆

滚圆之前　　　滚圆之后

7 将面团从发酵盒中取出后放到工作台上，分割成60g的小块并滚圆。

8 将滚圆后的面团摆在铺有白布的搁板上。

中间醒发

9 将整理好的面团放入发酵箱中，采用同样的发酵条件将面团发酵15分钟。

成 型

10 用压面机将面团压成椭圆形（长径15cm、短径10cm）薄片。

※用压面机压制面团时，为使面团能够更容易进到压面机里，压制之前，可用手先将面团压扁。

※为使压薄过程顺利进行，将压面机分别定位到3mm和1.5mm，分两次压薄。

11 将压薄后的面团远离身体的一侧稍微翻转，轻轻按压到面团上。

12 按住刚才翻转的部分，另一侧用另一只手将面团向身体一侧拉抻，拉抻的时候要轻一点、慢一点。

13 一边按住翻折一侧的面团，一边将其向身体一侧卷过来。

※卷的时候要尽量减少空气的进入。

14 多次重复步骤12和13中的操作，一边将面团卷起来，一边将其收紧。最后将面团卷成漂亮的卷状。

15 点缀时，要将面卷黏合处反面的一侧用湿布沾湿，在面团沾湿位置黏上适量罂粟籽。

16 将面团沾有罂粟籽的一侧向上，摆放于烤盘上。

最终发酵

17 将面团放入温度为32℃、湿度为70%的发酵箱中发酵40分钟。

※此阶段若发酵不足，面团卷起的纹络就容易裂开；发酵过度，面团又容易变形，烤制出的面包也不美观。为避免以上情况的发生，发酵过程中要注意时间的把握。

烘 烤

18 将面团放入上火230℃、下火190℃的烤箱中，再喷入蒸汽，烘烤18分钟。

※喷入蒸汽的量要大些。蒸汽量较少，面团侧面容易出现裂纹。

土耳其芝麻圈

Simit

　　土耳其芝麻圈是土耳其人的最爱！这是一种撒满产自土耳其白芝麻的环形面包。在土耳其的大街小巷，经常会看到人们将堆积起来的面包圈顶在头上叫卖或者将面包圈串在一起出售的情景。产自当地的白芝麻香味十足，面包口感一流。

　　有时人们还会将两条面团绕在一起，制成麻花状。多样的方法，不变的口味！

制作方法	间接发酵法（种面团）
食材	准备3kg（64个的分量）

	比例(%)	重量(g)
法式面包专用粉	100.0	3000
砂糖	5.0	150
食盐	1.8	54
黄油	5.0	150
即发高活性干酵母※	0.8	24
鸡蛋	5.0	150
水	55.0	1650
合计	172.6	5178
白芝麻		适量

※不添加维生素C。

搅拌	自动螺旋式搅拌机 1挡4分钟　2挡5分钟 搅拌完面团的温度为26℃
发酵	60分钟 28～30℃ 75%
分割	80g
中间醒发	10分钟
成型	棍形（45cm）→环形 撒上白芝麻
最终发酵	35分钟 32℃ 70%
烘烤	15分钟 上火230℃ 下火180℃ 喷入蒸汽

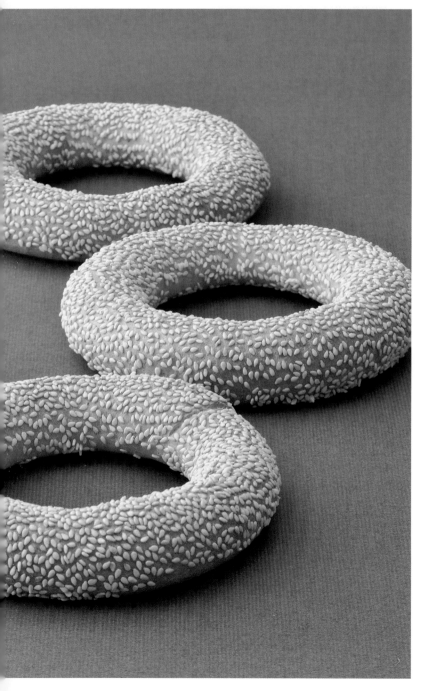

土耳其芝麻圈的横切面

　　由于面包是将面团压扁后弯成棒状的，烤制后面包皮较厚，面包心也较为密实，气孔较小。

搅拌

1 将全部食材放入搅拌机中，用1挡搅拌。

2 搅拌至4分钟时，取出部分面团拉抻，确认其搅拌状态（A）。

※此时面团中的食材虽分布均匀，但面团还未被充分搅拌，表面仍凹凸不平，黏性较差，不易被拉抻成较薄状。该种面团较硬，因此其表面不会太黏糊。

3 将搅拌机调至2挡，搅拌5分钟，并确认面团的搅拌状态（B）。

※此时面团虽然能够被拉抻变薄，但面团表面凹凸不平，仍没有搅拌充分。

4 将面团整理成表面较为饱满的圆鼓状，放入发酵盒中（C）。

※揉和好面团的温度以26℃为最佳。

发酵

5 将发酵盒放入温度为28~30℃、湿度为75%的发酵箱中发酵，发酵时间为60分钟（D）。

※此时，面团充分发酵，用手指轻轻按压面团时面团上会留下指痕。由于面团中添加的是不含维生素C的酵母，发酵时面团会稍微塌陷。

分割、滚圆

6 将面团从发酵盒中取出后放到工作台上，分割成80g的小块。

7 将面团轻轻滚圆。

8 将滚圆后的面团摆在铺有白布的搁板上。

中间醒发

9 将整理好的面团放入发酵箱中，采用同样的发酵条件将面团发酵10分钟。

※在面团开始失去弹性之前，对其充分醒发。

成型

10 用手掌按压面团，排出面团中的气体。

11 将面团较为平整的一面向下放置，从一侧将面团向中间弯折1/3，用手掌掌跟部位将面团边缘压到面团上。

12 将面团旋转180°，采用同样的方法将另一侧也弯折1/3，用掌跟部位将边缘压到面团上。

13 将面团对折，边缘部位用力压在一起。

14 一边从上面用力一边转动面团，将其整理成15cm长的棒状。将成型后的面团摆放于铺有白布的搁板上，在室温中醒发5分钟。

※面团可能会变干，根据需要可盖上塑料薄膜。

15 用手掌按压面团，排出面团中的气体。

※为将面团滚至一定长度，要尽量按照一定的顺序，从一边将面团滚至细长型。

16 将面团较为平整的一面向下放，从一侧将拉长的面团对折，将面团边缘位置黏合到一起。

17 从上面一边按压面团一边转动，将面团整理成长45cm的长条状（E）。

18 将面团黏合位置向上，用一只手的手掌部位将面团一端按压住，将其整平（F）。

19 将面团另一端搭在压平的一端上，这样、面团就被整理成环形了（G）。

※将面团捏在一起的时候要注意，之前面团捏合的部位不要松开。

20 用压扁的一端将面团另一端包裹起来，将面团捏合好（H）。

21 对连在一起的整个面团按压，将其整理成稍平的形状。

22 将与面团捏合部位相反的一侧用湿布沾湿，撒上白芝麻。

23 将沾有芝麻的一面向上，面团移到铺有白布的搁板上。

最终发酵

24 将面团放入温度为32℃、湿度为70%的发酵箱中发酵35分钟。

※此阶段中，虽要将面团发酵至充分膨胀，但由于面团是较细的棒状，发酵过度，面包心中的气孔就会很大很粗糙，也会影响面包的口味，因此要注意发酵时间的灵活把握。

烘烤

25 将面团移动到滑动托布上。

26 将面团放入上火230℃、下火180℃的烤箱中，再喷入蒸汽，烘烤15分钟。

A

B

C

D

E

F

G

H

意式风味派

Focaccia

　　一说到意式风味派，人们一般会想到用擀得薄薄的发酵面团烤制出的薄饼式面包。但其实不然，意式风味派有许多不同的种类，有将其做成很薄的，有不添加酵母的等等。这里我们给大家介绍的是在主食面包中与三明治一样常被人们食用的意式风味派。因地区不同对这种面包的叫法也不同，有时意式风味派还被叫做"压制薄饼"等。

制作方法　直接发酵法

食材　准备3kg（26个的分量）

	比例(%)	重量(g)
法式面包专用粉	100.0	3000
砂糖	2.0	60
食盐	2.0	60
橄榄油	5.0	150
鲜酵母	2.5	75
水	62.0	1860
合计	173.5	5205
橄榄油、迷迭香、粗盐		适量

搅拌	自动螺旋式搅拌机 1挡4分钟　2挡3分钟 搅拌完面团的温度为26℃
发酵	50分钟 28~30℃ 75%
分割	200g
中间醒发	15分钟
成型	圆形（直径15cm）
最终发酵	30分钟 32℃ 70%
烘烤	涂抹橄榄油，进行点缀 18分钟 上火230℃ 下火220℃

准备工作
　　将橄榄油涂抹到烤盘上。

搅拌

1将全部食材放入搅拌机中，用1挡搅拌。

2搅拌至4分钟时，取出部分面团拉抻，确认其搅拌状态（A）。
※此种面团质地较软，黏性较差，表面较为黏糊。

3将搅拌机调至2挡，搅拌3分钟，确认面团的搅拌状态（B）。
※此时面团虽然能够被拉抻变薄，但表面凹凸不平，黏性较差。此阶段的搅拌过程要控制在一定的时间内，这样做出的面包才会有较好的口感。

4将面团整理成表面较为饱满的圆鼓状，放入发酵盒中（C）。
※揉和好面团的温度以26℃为最佳。

发酵

5将发酵盒放入温度为28~30℃、湿度为75%的发酵箱中发酵，发酵时间为50分钟（D）。
※此时，面团要充分发酵，直至充分膨胀。

分割、滚圆

6将面团从发酵盒中取出后放到工作台上，分割成200g的小块。

7将面团较为平整的一面向上放置，整理成球形，面团底部捏合在一起。
※由于面团在成型阶段是使用擀面杖擀圆的，因此此阶段中要尽量将面团整理成圆形。

8将滚圆后的面团摆到铺有白布的搁板上。

中间醒发

9将整理好的面团放入发酵箱中，采用同样的发酵条件将面团发酵15分钟。
※在面团开始失去弹性之前，要充分醒发。

成型

10用擀面杖将面团擀成直径为15cm的球形（E）。
※此时要注意将面团擀成厚度均匀、平整的薄饼，不要使边缘厚于中间位置，以免烘烤的时候受热不均。

11将擀好的面团摆放到烤盘上。

最终发酵

12将面团放入温度为32℃、湿度为70%的发酵箱中发酵30分钟。
※此阶段要将面团发酵至充分膨胀，以用手指轻轻按压会留下指痕为宜。

烘烤

13将面团整体用手指压出孔眼（F）。用毛刷在面团上涂刷橄榄油，撒上迷迭香和粗盐（G）。

14将面团放入上火230℃、下火220℃的烤箱中，再喷入蒸汽，烘烤18分钟。

意式风味派的横切面

　　意式风味派是将面团擀成2cm左右的厚度，经过较长时间烘烤制作而成的。因此，面包形状较为扁平，面包皮稍厚，面包心中有一些扁扁的气泡。面包底部的隆起痕迹是由于面包上部用手指按压出小孔之后引起的。

A

B

C

D

E

F

G

脆皮虎皮面包
Tiger roll

　　脆皮虎皮面包，乍一听名字会给人一种英勇无比之感。其实这种面包与老虎没有半点关系，只是在做好的面包胚上涂上一层面糊，烘烤之后的面包表面会形成犹如虎皮似的面包皮，面包因此而得名了。

　　这种面包的制作历史尚浅，始于1970年左右的荷兰鹿特丹附近，最开始命名为tijgerbrood，是一种口感较硬的主食面包。

制作方法　　间接发酵法（种面团）

食材　　　　准备3kg（74个的分量）

	比例(%)	重量(g)
法式面包专用粉	100.0	3000
砂糖	2.0	60
食盐	2.0	60
脱脂奶粉	3.0	90
起酥油	3.0	90
鲜酵母	2.0	60
鸡蛋	5.0	150
麦芽提取物	0.3	9
水	57.0	1710
合计	174.3	5229

●虎皮面糊	
油脂糯米粉	400
低筋面	24
砂糖	8
食盐	8
鲜酵母	40
麦芽提取物	3
水	400
猪油	48

搅拌	自动螺旋式搅拌机 1挡6分钟　2挡4分钟 搅拌完面团的温度为26℃
发酵	90分钟（60分钟时拍打） 28～30℃ 75%
分割	70g
中间醒发	15分钟
成型	棍状（15cm）
最终发酵	50分钟 32℃ 70%
烘烤	在面团表面涂抹虎皮面糊 20分钟 上火230℃　下火190℃ 喷入蒸汽

脆皮虎皮面包的横切面

　　总的来说，棒状面包的横切面一般都为椭圆形。面包涂有虎皮面糊的部分，面包皮会稍厚些，但面包皮质地香脆，不会太硬。面包心中均匀排列着细小的球形气泡，因面团中加入了鸡蛋，面包心呈现淡淡的奶白色。

搅 拌

1 将全部食材放入搅拌机中，用1挡搅拌。搅拌至6分钟时，取出部分面团拉抻，确认其搅拌状态。

※此时，面团中的全部食材已分布均匀，但拉抻面团时，表面仍会凹凸不平，不能抻太薄。另外，此种面团的质地较硬。

2 将搅拌机调至2挡，搅拌4分钟，并确认面团的搅拌状态。

※此时面团虽已搅拌均匀，也不会有凹凸不平感，但用手拉抻仍不能被拉得很薄。

3 将面团整理成表面较为饱满的圆鼓状，放入发酵盒中。

※揉和好面团的温度以26℃为最佳。

发 酵

4 将发酵盒放入温度为28~30℃、湿度为75%的发酵箱中发酵，发酵时间为60分钟。

拍 打

5 从整体上按压面团，从左、右分别将面团折叠过来，以稍低强度拍打面团（P39）。将拍打后的面团放入发酵盒。

※由于做出的面包是较为密实、气孔较小的类型，拍打时要比硬面包拍打的力度稍大些。

发 酵

6 将发酵盒放入发酵箱中，采用同样的发酵条件将面团发酵30分钟。

※此时，要将面团发酵至充分膨胀。

分割、滚圆

7 将面团从发酵盒中取出后放到工作台上，分割成70g的小块。

8 将面团轻轻滚圆。

※由于面团的质地较硬，滚圆操作时要注意力度的把握，防止面团断裂。

滚圆之前　　　　滚圆之后

9 将滚圆后的面团摆在铺有白布的搁板上。

中间醒发

10 将整理好的面团放入发酵箱中，采用同样的发酵条件将面团发酵15分钟。

※在面团开始失去弹性之前，对其充分醒发。

成 型

11 用手掌按压面团，排出面团中的气体。

12 将面团较为平整的一面向下放置，从面团一侧将其边缘弯折1/3，用手掌掌跟部位将弯折部分的边缘按压到面团上，然后将面团旋转180°，采用同样的方法将面团弯折，按压到面团上。

13 从一侧将面团对折，用手按压面团边缘部位，将面团边缘黏合在一起。一边从上向下用力按压一边转动面团，将其整理成长15cm的棒状。

14 面团捏合部位向下，放置于铺有白布的搁板上。

最终发酵

15 将面团放入温度为32℃、湿度为70%的发酵箱中发酵50分钟。

※为防止涂抹虎皮面糊时面团会变瘪，发酵的过程要尽早结束，要注意时间的把握。

虎皮面糊

16 在面团最终发酵的时候制作虎皮面糊。将优质糯米粉、筛过的低筋面、砂糖、食盐等食材放入碗中混合，再加入溶解了鲜酵母和麦芽提取物的水以及融化的猪油，用打蛋从中间开始向周围搅拌。

17 要对虎皮面糊充分搅拌，直至其变成较为均匀的状态。

※搅拌后的温度在26～28℃为最佳。

18 图中为虎皮面糊发酵之前的状态。

19 将搅拌好的虎皮面糊放入温度为28～30℃、湿度为75%的发酵箱中发酵40分钟。

※面糊虽不能像面团那样急剧膨胀，但其表面也会出现大大小小的气泡。

烘烤

20 将虎皮面糊用打蛋器搅拌成较为顺滑的状态。

※面糊较硬时可适量加水。如果面糊过稀，烤制后虎皮的效果就不会很明显，搅拌的时候要注意浓稠度的把握。

21 用刷子蘸上面糊刷到经过发酵的面团表面。

※刷面糊的时候要注意，一定要将面团表面按照相同的厚度涂抹均匀。

22 将面团放入上火230℃、下火190℃的烤箱中，再喷入蒸汽，烘烤20分钟。

源自亚洲的虎皮面糊

一般情况下，虎皮面糊是将米粉与芝麻油、食盐、酵母和水混合，经过短暂发酵之后涂抹到面团上的。人们不免会问，米粉和芝麻油都是亚洲饮食中经常会使用到的食材，为什么这种面糊会在荷兰出现呢？这或许是由于很早之前，荷兰与东南亚地区进行贸易往来，船员将产自亚洲的各种食材带回本国，经过各种加工之后灵活运用于面包制作的缘故吧！

软面包

奶油卷餐包

Butter roll

　　在日本，奶油卷餐包是最受欢迎的主食软面包之一。不论在面包烘焙坊、超市还是便利店，人们总是能在食品架上看到奶油卷餐包的身影。面包中添加了黄油或混合黄油，使用的时候无需另外涂抹黄油，美味又省事。奶油卷餐包有时还被称作table roll和dinner roll。

制作方法 直接发酵法

食材 准备3kg（133个的分量）

	比例(%)	重量(g)
高筋面	100.0	3000
砂糖	12.0	360
食盐	1.8	54
脱脂奶粉	4.0	120
黄油	15.0	450
鲜酵母	4.0	120
鸡蛋	10.0	300
蛋黄	2.0	60
水	51.0	1530
合计	199.8	5994
蛋液		

搅拌	立式搅拌机 1挡3分钟 2挡2分钟 3挡3分钟 油脂 2挡2分钟 3挡7分钟 搅拌完团的温度为26℃
发酵	50分钟 28~30℃ 75%
分割	45g
中间醒发	15分钟
成型	卷状
最终发酵	60分钟 38℃ 75%
烘烤	涂抹蛋液 10分钟 上火225℃ 下火180℃

奶油卷餐包的横切面

　　在面包的制作过程中，用擀面杖将面团擀薄之后卷在一起，面团中的气体几乎被排尽，因此面包皮较薄，面包心中均匀分布着细小的气泡。仔细观察会发现，面包心中的气泡呈螺旋状。

搅拌

1 将除黄油之外的全部食材放入搅拌机中，用1挡搅拌。

2 搅拌3分钟后，取出部分面团拉抻，确认其搅拌状态。
※此时的面团黏性较差，其表面也较为粗糙。

3 将搅拌机调至2挡，搅拌2分钟，确认面团的搅拌状态。
※此时的面团表面虽然仍很黏糊，但面团的黏性增加了。

4 将搅拌机调至3挡搅拌3分钟，确认面团的搅拌状态。
※此时，面团的黏性明显较低，拉抻时能够被拉得很薄，但仍然会有凹凸不平之感。

5 加入黄油，用2挡搅拌2分钟，确认面团的搅拌状态。
※由于此时加入的油脂较多，搅拌后的面团黏性降低，拉抻时很容易断裂。

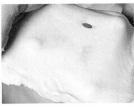

6 将搅拌机调至3挡，继续搅拌7分钟，搅拌过程中要边搅拌边确认面团的状态。
※搅拌均匀后的面团再次黏合在一起，拉抻也能够变薄，面团也变得十分光滑，不会有凹凸不平之感。

7将面团整理一下，使其表面呈现较为圆鼓的状态，整理好的面团放入发酵盒中。
※揉和好面团的温度以26℃为最佳。

发酵

8将发酵盒放入温度为28～30℃、湿度为75%的发酵箱中发酵，发酵时间为50分钟。
※此时面团要充分发酵，使其充分膨胀，用手指按压面团会有指痕留下。

分割、滚圆

9将发酵好的面团放到工作台上，分割成45g的小块。

10将小面团滚圆。

滚圆之前　　　滚圆之后

11将面团摆到铺有白布的搁板上。

中间醒发

12将整理好的面团放入发酵箱中，采用同样的发酵条件将面团发酵15分钟。
※在面团开始失去弹性之前，对其充分醒发。

成型

13用手掌按压面团，排出面团中的气体。将面团较为平整的一面向下放置，从面团一侧将其弯折1/3，用掌跟部位将面团边缘按压到面团上。

14将面团旋转180°，采用同样的方法将面团弯折1/3，将其边缘黏在面团上。

15从一侧将面团对折，使面团边缘位置黏合在一起。

16一边从上向下用力按压一边转动面团，将其滚动成一头粗一头细、长12cm的棒状。将面团置于室温中醒发5分钟。
※转动面团的时候要防止将较细的一端滚得太细。
※进行醒发时，为防止面团变硬，可适当盖上塑料薄膜。

17将面团较细的一端放在操作台上，较粗的一端拿在手里，从中间位置向远离身体一侧将面团擀薄。

18将面团中间位置提起来，从一端向中间擀，将其擀薄。
※将拿有面团的手不断向身体一侧移动，将面团弄薄。
※为将面团中的气体彻底排尽，面团两面都要用擀面杖擀一下。

19 将面团黏合位置向上，从远离身体一侧将面团卷起来，一边卷一边轻压面团，将其卷结实。
※按压面团的时候要注意力度的把握，用力过大面团中心部位容易发酵不充分，烤出的面包心较为密实、不膨松，要避免这种情况的出现。

20 一边对面团进行轻轻按压，一边将其从一端卷起来。
※要注意按压的时候不要用力过大，防止面团在之后的发酵环节中发酵不充分。

21 面团卷好之后，对面团的另一端轻轻按压，使其黏到面团上。

22 将面团卷完黏好的一侧向下，摆放于烤盘中。

最终发酵

23 将面团放入温度为38℃、湿度为75%的发酵箱中发酵60分钟。
※如果此阶段面团发酵不充分，烘烤时面团会裂开，影响最后面包成品的美观，因此要对其充分醒发。

烘 烤

24 用毛刷将蛋液涂满面团表面。
※涂蛋液的时候要注意，尽量避免面团两头卷纹的部位堆积太多蛋液，要尽量将其涂抹均匀。

25 将面团放入上火225℃、下火180℃的烤箱中，烤制10分钟。

> **卷餐包（roll）和小圆面包（bun）**
>
> 在英国和美国，卷餐包和小圆面包是小型面包的总称。特别是在美国，这种面包是指选用半磅（约227g）以下的面团烘烤而成的面包。

硬质面包
Hard roll

硬质面包，乍一看名字，大家可能会误认为这是一种硬面包，其实不然。这里的硬质面包是相对于奶油卷餐包等较软面包而言的，是一种配料相对简单的软面包。硬质面包味道清淡、口味独特，是各式餐厅、咖啡店的人气餐点。

制作方法　间接发酵法

食材　准备3kg（111个的分量）

	比例（%）	重量（g）
高筋面	100.0	3000
砂糖	8.0	240
食盐	1.5	45
脱脂奶粉	4.0	120
黄油	4.0	120
起酥油	2.0	60
鲜酵母	2.0	60
鸡蛋	5.0	150
水	60.0	1800
合计	186.5	5595

搅拌	立式搅拌机 1挡3分钟　2挡3分钟 油脂2挡2分钟 3挡6分钟 搅拌完面团的温度为26℃
发酵	90分钟（60分钟时拍打） 28~30℃ 75%
分割	50g
中间醒发	15分钟
成型	卷状
最终发酵	60分钟 38℃ 75%
烘烤	10分钟 上火230℃　下火190℃ 喷入蒸汽

硬质面包的横切面

硬质面包与奶油卷餐包的横切面（P109）几乎大同小异，细微的差别就是硬质面包中没有添加过多的鸡蛋，因此其面包心发白，质地稍硬。

搅拌

1 将除起酥油和黄油之外的全部食材放入搅拌机中，用1挡搅拌。

2 搅拌3分钟后，取出部分面团拉抻，确认其搅拌状态（A）。
※此时的面团黏性较差，其表面也较为粗糙。

3 将搅拌机调至2挡，搅拌3分钟，确认面团的搅拌状态（B）。
※此时的面团表面虽然不是很黏糊，用力拉抻面团能够变薄，但面团仍未被彻底搅拌均匀，面团表面仍会凹凸不平。

4 将黄油、起酥油加到搅拌机中，用2挡搅拌2分钟，并边确认面团的搅拌状态（C）。
※此时由于油脂的加入，搅拌后的面团黏性较低，拉抻时很容易断裂。

5 将搅拌机调至3挡，继续搅拌6分钟，搅拌过程中边确认面团的搅拌状态（D）。
※此时，搅拌均匀后的面团再次黏结合在一起，拉抻也能够变薄，面团也变得十分光滑，不会有凹凸不平之感。

6 将面团整理一下，使其表面呈现较为圆鼓的状态，将整理好的面团放入发酵盒中（E）。
※揉和好面团的温度以26℃为最佳。

发酵

7 将发酵盒放入温度为28~30℃、湿度为75%的发酵箱中发酵，发酵时间为60分钟（F）。
※此时面团充分发酵，使其充分膨胀，用手指按压面团会有指痕留下。

拍打

8 对面团整体按压，从左、右分别将面团折叠过来，以稍低强度拍打面团（P39）。将拍打后的面团放入发酵盒。
※由于此种面团为软面包中较硬的类型，对面团拍打时力度不要太大，比对软面团拍打的力度小些即可。

发酵

9 将发酵盒放入与刚才条件相同的发酵箱中，继续醒发30分钟（G）。
※此时面团要充分发酵，使其膨胀，用手指按压后留下指痕为宜。

分割、滚圆

10 将发酵好的面团放到工作台上，分割成50g的小块。

11 将小面团滚圆，滚圆之后摆放到铺有白布的搁板上。
※由于此种面团的质地较硬，在进行面团滚圆操作的时候要适度用力，避免面团出现大的裂纹。

中间醒发

12 将整理好的面团放入发酵箱中，采用同样的发酵条件对面团发酵15分钟。
※在面团开始失去弹性之前，让其充分醒发。

成型

13 用手掌按压面团，排出面团中的气体。将面团较为平整的一面向下放置，从面团一侧将其弯折1/3，用掌跟部位将面团边缘按压到面团上。

14 将面团旋转180°，采用同样的方法将面团弯折1/3，并将其边缘部位黏在面团上。

15 从一侧将面团对折，并将面团边缘位置黏合到一起。

16 一边从上向下用力按压一边转动面团，将其滚动成一头粗一头细、长12cm的棒状。将面团置于室温中醒发5分钟。
※滚面团的时候要防止将较细的一端滚得太细。
※醒发时，为防止面团变硬，可适当盖上塑料薄膜。

17 将面团较细的一端放到操作台上，较粗的一端拿在手里，从中间位置向远离身体一侧擀薄面团。

18 将面团中间位置提起来，从一端向中间擀，将其擀薄。
※将拿有面团的手不断向身体一侧移动，将面团弄薄。
※为将面团中的气体彻底排尽，面团两面都要用擀面杖擀一下。

19 将面团黏合位置向上，从远离身体一侧将面团卷起来，一边卷一边轻压面团，将其卷结实。
※按压面团的时候要注意力度的把握，用力过大会使面团中心部位发酵不充分，烤出的面包心较为密实、不膨松，要避免这种情况的出现。

20 一边对面团进行轻轻按压，一边将其从一端卷起来。
※要注意按压的时候用力不要太大，防止面团在之后的发酵环节中发酵不充分。

21 面团卷好之后，将面团的另一端轻轻按压，使其黏到面团上。

22 将面卷卷曲黏合的一侧向下，摆放于烤盘中。

最终发酵

23 将面团放入温度为38℃、湿度为75%的发酵箱中发酵60分钟。
※如果此阶段面团发酵不充分，面团的造型就不会很好地呈现出来，烘烤时面团会裂开，影响面包最后成品的美观，因此要充分醒发。

烘烤

24 将面团放入上火230℃、下火190℃的烤箱中，再喷入蒸汽，烤制10分钟（H）。
※烘烤时，需要向烤箱中喷入蒸汽，喷入蒸汽过多会使面包卷状不能清晰地呈现出来，而过少时面包卷就容易变形，还容易出现裂纹，因此要注意喷入蒸汽量的把握。

A

B

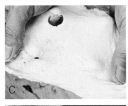
C

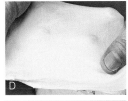
D

E

F

G

H

维也纳面包

Pain viennois

Pain viennois有"维也纳风味面包"之意。19世纪中期，居住在巴黎的奥地利人因怀念故乡维也纳的风味面包，就拜托面包坊的熟人帮忙制作这款面包。这种面包也由此得到推广。面包以其棒的形状以及数目众多的纹络为主要特点。

以前，人们制作这种面包时多会选用较少食材的搭配，但最近，人们对其进行改进，添加了油脂等多种食材。这种稍微复杂的食材搭配成为时下面包界的流行趋势。

制作方法　间接发酵法

食材　准备3kg（95个的分量）

	比例（%）	重量（g）
法式面包专用粉	100.0	3000
砂糖	6.0	180
食盐	2.0	60
脱脂奶粉	5.0	150
黄油	5.0	150
起酥油	5.0	150
鲜酵母	3.0	90
鸡蛋	5.0	150
水	59.0	1770
合计	190.0	5700

搅拌	立式搅拌机 1挡3分钟　2挡3分钟 油脂 2挡2分钟 3挡6分钟 搅拌完面团的温度26℃
发酵	60分钟 28~30℃ 75%
分割	60g
中间醒发	15分钟
成型	棍状（18cm）
最终发酵	40分钟 35℃ 75%
烘烤	14分钟 上火230℃ 下火190℃ 喷入蒸汽

维也纳面包的横切面

面团表面较深的花纹在烘烤时会变大，横切面很像三角形。面包皮较厚，面包心中靠近底部的气泡较细，上部则逐渐变大。

搅 拌

1 将除起酥油和黄油之外的全部食材放入搅拌机中，用1挡搅拌3分钟。

※此时面团虽被搅拌成一团，但面团表面较为粗糙。

2 取出部分步骤1中搅拌的面团拉抻，确认其搅拌状态。

※此时的面团黏性较差，拉抻时容易破裂。

3 将搅拌机调至2挡，搅拌3分钟。

※搅拌机在搅拌过程中，面团渐渐能够与搅拌机底部分离开，面团表面也开始变得光滑。

4 确认步骤3中面团的搅拌状态。

※此时面团虽然能够被拉得很薄，但仍没有搅拌均匀，表面仍凹凸不平。

5 加入黄油、起酥油，继续用搅拌机2挡搅拌2分钟。

※此时油脂开始与面团混合在一起，面团也渐渐被搅碎。

6 取出步骤5中搅拌的面团，确认其搅拌状态。

※此时，面团拉抻时还是容易破碎。由于油脂的加入，面团变得较为柔软。

7 将搅拌机调至3挡，搅拌6分钟。

※面团不再黏糊，容易与搅拌机底部分离开，面团表面也变得十分光滑。

8 确认步骤7中面团的搅拌状态。

※此时面团能够被拉抻成很薄，拉薄的面团中也不会凹凸不平，此时面团相当细腻。

9 将面团表面整理成圆鼓状，放入发酵盒中。

※揉和好面团的温度以26℃为最佳。

发 酵

10 将发酵盒放入温度为28～30℃、湿度为75%的发酵箱发酵，发酵时间为60分钟。

※此时面团要充分发酵，充分膨胀，直至用手指按压面团会有指痕留下。

分割、滚圆

11 将发酵好的面团放到工作台上，分割成60g的小块。

12 滚圆分割好的小面团。

滚圆之前　　滚圆之后

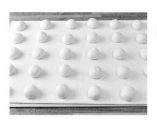

13 将滚圆之后的面团摆放到铺有白布的搁板上。

19 将面团黏合位置向下，摆放于烤盘上。用刀片在面团表面划上倾斜的花纹。
※划制花纹的时候，要将刀片垂直于面团表面划深度为2~3mm的花纹。

中间醒发

14 将整理好的面团放入发酵箱中，采用同样的发酵条件将面团发酵15分钟。
※在面团开始失去弹性之前，要充分醒发。

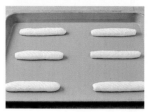

20 图中为面团最终发酵之前的状态。

成 型

15 用手掌按压面团，排出面团中的气体。

最终发酵

21 将面团放入温度为35℃、湿度为75%的发酵箱中发酵40分钟。
※此阶段面团要充分发酵，但发酵过度的话，面团会塌陷，烤制出面包的花纹会不清晰、不美观。

16 将面团较为平整的一面向下放置，从面团一侧将其弯折1/3，用掌跟部位将面团边缘按压到面团上。将面团旋转180°，采用同样的方法将面团弯折1/3，并将其边缘黏在面团上。

烘 烤

22 将面团放入上火230℃、下火190℃的烤箱中，再喷入蒸汽，烤制14分钟。

17 从一侧将面团对折，并将面团边缘位置黏合到一起。

18 一边从上向下用力按压一边转动面团，将其整理成长18cm的棒状。

牛奶餐包

Pain au lait

Pain au lait在法语中是"牛奶面包"的意思，这种面包以其浓郁的牛奶风味和清淡的口感为主要特点。

在法式早餐中，这种牛奶餐包与羊角面包是必不可少的。法式酒店中，一般会选用小篮子来盛装这两种面包，别有一番情趣。

融入香浓牛奶的牛奶餐包可谓是最具特色的法式餐点。

制作方法　间接发酵法

食材　准备3kg（98个的分量）

	比例(%)	重量(g)
法式面包专用粉	100.0	3000
砂糖	10.0	300
食盐	2.0	60
脱脂奶粉	5.0	150
黄油	5.0	150
鲜酵母	3.0	90
蛋黄	6.0	180
水	55.0	1650
合计	196.0	5880

搅拌	立式搅拌机 1挡3分钟 2挡2分钟 2挡3分钟 油脂 2挡2分钟 3挡5分钟 搅拌完面团的温度26℃
发酵	90分钟（60分钟时拍打） 28~30℃ 75%
分割	60g
中间醒发	15分钟
成型	棍状（15cm）
最终发酵	50分钟 38℃ 75%
烘烤	涂抹蛋液 用剪子剪出花纹 10分钟 上火225℃ 下火180℃

牛奶餐包的横切面

　　牛奶餐包与用擀面杖擀过的奶油卷餐包、硬质面包相比，面包心会更粗一些、气泡更大一些。上部用剪刀剪出花纹，花纹附近会有隆起。

搅拌

1 将除黄油之外的全部食材放入搅拌机中，用1挡搅拌。搅拌3分钟后，取出部分面团拉抻，确认其搅拌状态。

※此时的面团仍然很黏糊，面团黏性较差，其表面也较为粗糙。

2 将搅拌机调至2挡，搅拌2分钟，确认面团的搅拌状态。

※此时全部食材已搅拌均匀，表面虽然仍很黏糊，但黏性增加了。

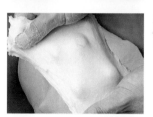

3 将搅拌机调至3挡搅拌3分钟，并确认面团的搅拌状态。

※此时的面团黏性明显增强，拉抻时不容易断裂，但面团仍然很厚。

4 加入黄油，用2挡搅拌2分钟，确认面团的搅拌状态。

※由于此时加入的油脂较多，搅拌后的面团黏性降低，拉抻时很容易断裂。

5 将搅拌机调至3挡，继续搅拌5分钟，边搅拌边确认面团的状态。

※此时，面团能够被拉抻，具有一定的厚度，面团被搅拌均匀，不会有凹凸不平之感。

6 将面团整理一下，使其表面呈现较为圆鼓的状态，将整理好的面团放入发酵盒中。

※揉和好面团的温度以26℃为最佳。

发酵

7 将发酵盒放入温度为28～30℃、湿度为75%的发酵箱中发酵，发酵时间为60分钟。

※此时面团充分发酵，直至充分膨胀。

拍打

8 对面团整体按压，从左、右分别将面团折叠过来，以稍低强度拍打面团（P39）。将拍打后的面团放入发酵盒。

※由于制作的面包为口感较为柔软、容易咬碎的类型，对面团拍打时力度不要太大，比其他软面团拍打的力度小些即可。

发酵

9 将发酵盒放入与刚才条件相同的发酵箱中，继续醒发30分钟。

※此时面团要充分发酵，直至充分膨胀，用手指按压能留下指痕为宜。

分割、滚圆

滚圆之前　　滚圆之后

10 将发酵好的面团放到工作台上，分割成60g的小块，并将小面团滚圆。

11 将滚圆后的面团摆到铺有白布的搁板上。

中间醒发

12 将整理好的面团放入发酵箱中，采用同样的发酵条件将面团发酵15分钟。

※在面团开始失去弹性之前，要充分醒发。

成型

13用手掌按压面团，排出面团中的气体。

14将面团较为平整的一面向下放置，从面团一侧将其弯折1/3，用掌跟部位将面团边缘按压到面团上。

15将面团旋转180°，采用同样的方法将面团弯折1/3，并将其边缘黏在面团上。

16从一侧将面团对折，并将面团边缘位置黏合在一起。

17一边从上向下用力按压一边转动面团，将其整理成长15cm的棒状。

18将面团黏合部位向下，摆放在烤盘上。

最终发酵

19将面团放入温度为38℃、湿度为75%的发酵箱中发酵50分钟。

※在烤制之前，需要用剪刀在面团上部剪出花纹，因此要尽早结束最终发酵的过程。

烘 烤

20用毛刷将蛋液涂满面包表面。

21用剪刀在面团表面剪出花纹。

22将面团放入上火225℃、下火180℃的烤箱中，烤制10分钟。

辫子面包
Zopf

在欧洲各地经常能够看到辫子面包的身影，但鲜为人知的是，辫子面包最初是用作祭祀的。

辫子面包历史悠久，最早可追溯至古希腊和古罗马时代。人们从女士的三股辫发型中获得灵感，制作出兼具美感与美味的点心，给人以美的享受。在德国，最常见的就是这种三股辫样式的辫子面包，美味的面包还能够给人带来美的享受，其乐无穷、妙趣横生。

制作方法	间接发酵法

食材　准备3kg（45个的分量）

	比例(%)	重量(g)
法式面包专用粉	100.0	3000
砂糖	16.0	480
食盐	1.5	45
脱脂奶粉	4.0	120
黄油	15.0	450
鲜酵母	3.0	90
鸡蛋	20.0	600
水	38.0	1140
合计	227.5	6825

蛋液、杏仁（带皮）、小糖块	适量

搅拌	立式搅拌机 1挡3分钟　2挡2分钟 3挡4分钟 油脂 2挡2分钟 3挡4分钟 加入葡萄干 2挡1分钟 搅拌完面团的温度为26℃
发酵	60分钟 28～30℃ 75%
分割	50g
中间醒发	15分钟
成型	三股辫
最终发酵	40分钟 38℃ 75%
烘烤	涂抹蛋液 撒上杏仁碎和小糖块 12分钟 上火210℃ 下火180℃

准备工作

· 将无核葡萄干放到热水中洗一下，用笊篱捞出来，沥干水分。

· 将杏仁稍微切碎一下。

辫子面包的横切面

由于面包是用3根棒状面团编织在一起，可以明显看到面包心有几处断层，面包心中气泡的密度不均匀，大小也很不一致。像辫子面包这种中型面包的烘烤时间比较长，其面包皮也会稍厚一些。

搅 拌

1 将除黄油和葡萄干之外的全部食材放入搅拌机中，用1挡搅拌。

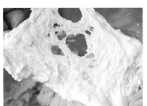

2 搅拌3分钟后，取出部分面团拉抻，确认其搅拌状态。
※由于面团中加入了大量的鸡蛋，面团的黏性较大，拉抻时很容易就会断裂。

3 将搅拌机调至2挡，搅拌2分钟，确认面团的搅拌状态。
※此时的面团黏性增强，但面团表面仍很黏糊。

4 将搅拌机调至3挡搅拌4分钟，确认面团的搅拌状态。
※虽然面团没有那么黏糊，拉抻时也能变薄，但面团仍未充分搅拌，仍会有凹凸不平之感。

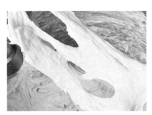

5 将黄油加到搅拌机中，用2挡搅拌2分钟，并确认面团的搅拌状态。
※此时由于油脂的加入，搅拌后的面团黏性较低，拉抻时很容易断裂。

6 将搅拌机调至3挡，继续搅拌4分钟，边搅拌边确认面团的状态。
※搅拌均匀后的面团再次黏合在一起，拉抻也能够变薄，面团变得十分光滑，不会有凹凸不平之感。

7 将洗净的葡萄干放入搅拌机中，用2挡搅拌。
※搅拌至葡萄干均匀分布于面团中即可。

8 将面团整理一下，使其表面呈现较为圆鼓的状态，整理好的面团放回发酵盒中。
※揉和好面团的温度以26℃为最佳。

发 酵

9 将发酵盒放入温度为28～30℃、湿度为75%的发酵箱中发酵，发酵时间为60分钟。
※此时面团要充分发酵，直至充分膨胀，用手指按压面团会有指痕留下即可。

分割、滚圆

10 将发酵好的面团放到工作台上，分割成50g的小块。

11 将小面团滚圆。

滚圆之前　　　滚圆之后

12 将滚圆之后的面团摆放到铺有白布的搁板上。

中间醒发

13 将整理好的面团放入发酵箱中，采用同样的发酵条件将面团发酵15分钟。
※在面团开始失去弹性之前，要充分醒发。

17 将整理好的面团置于室温中醒发5分钟。
※面团长时间暴露在空气中容易变干，根据需要可适当加盖塑料薄膜。

成型

14 用手掌按压面团，排出面团中的气体。

18 用手掌将面团压扁，排出面团中因发酵而生成的气体。从一侧将面团对折，用手掌掌跟部位将面团边缘黏合在一起。
※面团黏合部位有葡萄干露出的话，会影响美观，要进行适当处理。

15 将面团较为平整的一面向下放置，从面团一侧将其弯折1/3，用掌跟部位将面团边缘按压到面团上。然后，将面团旋转180°，采用同样的方法将面团弯折1/3，并将其边缘黏在面团上。

19 从面团上方用力按压，将面团用双手转动起来，将其整理成两端稍细、长22cm的棒状。

16 从一侧将面团对折，并将面团边缘位置黏合在一起。将面团整理成长10cm的棒状。
※葡萄干露在面团外面容易烤糊，因此要尽量避免葡萄干裸露在面团之外。

20 将棒状面团黏合部位向上，取3根摆放于工作台上，从面团中间部位开始编织三股辫，编织到最后时，将面团边缘用力捏在一起。
※详细编织方法参照下面的插图解说。

三股辫面包的编织方法

1 将3根棒状面团平行排列。从左至右依次为a、b、c。

5 将c面团交叠到b面团上面，且与a面团平行。

2 将c面团交叠到b面团上面。

6 重复步骤4和5中的操作，依次将最外面的面团左右交叉搭在里面的面团上，一直编到面团最底端。

3 将a面团交叠到c面团上面，且与b面团平行。

7 调转面团的方向，将面团上下颠倒，改变其编织方向。

4 将b面团交叠到a面团上面，且与c面团平行。

8 重复步骤6中的操作，将剩余面团编完。

21 变换方向，将棒状面团捏合部位向下放置，继续对剩余一半面团进行编织，编织到最后时，将面团边缘用力捏到一起。

※详细编织方法参照上页插图解说。

22 整理一下面包的形状，将面团捏合部位向下摆放于烤盘上。

最终发酵

23 将面团放入温度为38℃、湿度为75%的发酵箱中发酵40分钟。

※如果此阶段面团发酵过度，麻花状编织纹容易变得模糊，影响面包美观，因此，要尽早结束发酵过程。

烘 烤

24 用毛刷在面包表面涂抹一层蛋液，撒上杏仁碎和小糖块。

※涂抹蛋液时要顺着三股纹络小心涂抹，这样做出的面包才更美观。

25 将面团放入上火210℃、下火180℃的烤箱中，烤制12分钟。

德式面包排
Einback

德式面包排是将几根甚至数十根小棒状面团排列在一起烘烤出来的。等间隔排列的面团经发酵、烤制之后，面团不断膨胀，最终变成一个大的面包排。在德国，人们通常会将做好的面包排掰开食用，剩下有些变干的则会制成美味面包干，这也是一种值得尝试的吃法。

制作方法　间接发酵法

食材　准备2kg（15个的分量）

	比例(%)	重量(g)
法式面包专用粉	100.0	2000
砂糖	16.0	320
食盐	1.8	36
脱脂奶粉	6.0	120
黄油	20.0	400
鲜酵母	3.5	70
蛋黄	15.0	300
水	42.0	840
合计	204.3	4086
蛋液、罂粟籽（白）		适量

搅拌	立式搅拌机 1挡3分钟　2挡3分钟 3挡2分钟 油脂 2挡2分钟　3挡5分钟 搅拌完面团的温度为26℃
发酵	50分钟 28~30℃ 75%
分割	30g
中间醒发	15分钟
成型	棒状（长12cm）9根
最终发酵	50分钟 35℃ 75%
烘烤	涂抹蛋液、 撒上罂粟籽 15分钟 上火210℃ 下火180℃

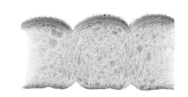

德式面包排的横切面

面包中加入了大量的鸡蛋，面包较硬，面包皮也较厚。面包心与蛋糕十分相似，气孔较多且较为粗糙，由于蛋黄的加入，面包心也呈现出黄色。

搅拌

1 将除黄油之外的全部食材放入搅拌机中，用1挡搅拌。

2 搅拌3分钟后，取出部分面团拉抻，确认其搅拌状态。
※由于面团中加入了大量的鸡蛋，团团的黏性较大，拉抻时很容易就会断裂。。

3 将搅拌机调至2挡，搅拌3分钟，确认面团的搅拌状态。
※此时面团的黏性增强，但表面仍很黏糊。

4 将搅拌机调至3挡搅拌2分钟，确认面团的搅拌状态（B）。
※此时虽然面团没有那么黏糊，拉抻时也能变薄，但面团仍未充分搅拌，仍会有凹凸不平之感。

5 将黄油加到搅拌机中，用2挡搅拌2分钟，并确认面团的搅拌状态。
※此时由于油脂的加入，搅拌后的面团黏性较低，拉抻时很容易断裂。

6 将搅拌机调至3挡，继续搅拌5分钟，搅拌过程中要确认面团的搅拌状态（C）。
※由于向面团中加入了大量的油脂、蛋黄等，搅拌至面团黏合在一起仍需要很长的时间，在面团被拉抻能变薄、变光滑之前要对其充分搅拌。

7 将面团整理一下，使其表面呈现较为圆鼓的状态，整理好的面团放回发酵盒中（D）。
※揉和好面团的温度以26℃为最佳。

发酵

8 将发酵盒放入温度为28～30℃、湿度为75%的发酵箱中发酵，发酵时间为50分钟（E）。
※此时面团充分发酵，直至充分膨胀，用手指按压面团会有指痕留下。

分割、滚圆

9 将发酵好的面团放到工作台上，分割成30g的小块。

10 将小面团滚圆。

11 将滚圆之后的面团摆放到铺有白布的搁板上。

中间醒发

12 将整理好的面团放入发酵箱中，采用同样的发酵条件将面团发酵15分钟。
※在面团开始失去弹性之前，要充分醒发。

成型

13 用手掌按压面团，排出面团中的气体。

14 将面团较为平整的一面向下放置，从面团一侧将其弯折1/3，用掌跟部位将面团边缘按压到面团上。

15 将面团旋转180°，采用同样的方法将面团弯折1/3，并将其边缘黏在面团上。

16 从一侧将面团对折，并将面团边缘位置黏合在一起。

17 一边从上向下用力按压一边转动面团，将其整理成长12cm的棒状。

18 将面团黏合部位向下，摆放到烤盘上（F）。
※摆放时将面团与面团之间留出适当空隙，以面团发酵结束时正好能够黏在一起的间距为最佳。

最终发酵

19 将面团放入温度为35℃、湿度为75%的发酵箱中发酵50分钟（G）。
※如果此阶段发酵不充分，面团黏合位置就容易裂开，所以要将其充分发酵。

烘烤

20 用毛刷将蛋液涂满面包表面，在面包表面撒上适量罂粟籽（H）。

21 将面团放入上火210℃、下火180℃的烤箱中，烤制15分钟。

点心面包

夹心面包 奶油面包 曲奇面包 菠萝面包

日本明治7年（1874年），银座木村屋总本店的创始人木村安兵卫首次将酒曲用于夹心面包的制作，由此开始了日本点心面包的制作。之后，人们将制作方法不断改良，将夹心改成蛋奶羹就做成美味的奶油夹心面包，用曲奇面团做成美味的曲奇面包等等。点心面包一时之间也流行起来，丰富了日本人的饮食生活。

制作方法	间接发酵法（中种法）	
食材	准备3kg（137个的分量）	
	比例(%)	重量(g)
●中种面团		
高筋面	70.0	2100
优质白砂糖	5.0	150
鲜酵母	3.0	90
水	40.0	1200
●主面团		
高筋面	20.0	600
低筋面	10.0	300
优质白糖	20.0	600
食盐	1.5	45
脱脂奶粉	2.0	60
炼乳	5.0	150
黄油	5.0	150
起酥油	5.0	150
鸡蛋	12.0	360
蛋黄	5.0	150
水	2.0	60
合计	205.5	6165
●夹心和点缀		
粒状夹心（零售品）		45g/个
蛋奶羹（P131）		
曲奇面团（P132）		
菠萝面团（P132）		
蛋液、罂粟籽（白）、细砂糖（较粗类型）		

夹心面包和奶油面包的横切面

这两种面包在烤制过程中，夹心会蒸发水蒸气，使夹心上部与面团之间有一定的空隙，这是无法避免的。

曲奇面包和菠萝面包的横切面

可以看到，曲奇与菠萝分别以一定的厚度均匀分布于面团上，使面包形成一层厚厚的面包皮，面包整体得以平衡。在面包成型过程中，只对面团进行了重新滚圆的操作，因此，面包心中均匀分布着大小不等的气泡。

中种面团的搅拌	立式搅拌机 1挡3分钟 2挡2分钟 搅拌好完温度为24℃
发酵	90分钟 25℃ 75%
主面团的搅拌	立式搅拌机 1挡3分钟 2挡3分钟 3挡3分钟 油脂 2挡2分钟 3挡5分钟 搅拌完温度为28℃
发酵（初次发酵）	40分钟 28～30℃ 75%
分割	45g
中间醒发	15分钟
成型	60分钟 38℃（菠萝面包为35℃） 75%（菠萝面包为50%）
烘烤	◆夹心面包 涂抹蛋液、撒上罂粟籽 10分钟 上火220℃ 下火170℃ ◆奶油面包 涂抹蛋液 10分钟 上火220℃ 下火170℃ ◆曲奇面包 搅好曲奇面糊 12分钟 上火200℃ 下火170℃ ◆菠萝面包 12分钟 上火190℃ 下火170℃

中种面团的搅拌

1 将中种面团所需食材全部放入搅拌机中，用1挡搅拌3分钟。
※ 搅拌至全部食材均匀分布为最佳。此时，面团的黏性较弱，慢慢拉抻也很容易发生断裂。

2 将搅拌机调至2挡搅拌2分钟，确认面团的搅拌状态。
※ 此时，全部食材已搅拌至均匀分布，面团也黏合成一团。

3 取出搅拌好的面团，将其整理成表面圆鼓后，放入发酵盒中。
※ 搅拌好种面团的最佳温度为24℃。

发 酵

4 将发酵盒放入温度为25℃、湿度为75%的发酵箱中发酵，发酵时间为90分钟。
※ 发酵过程中要确认面团是否发酵至充分膨胀。

主面团的搅拌

5 将除黄油和起酥油之外的主面团所需全部食材与步骤4中发酵好的中种面团一起放入搅拌机中，用1挡搅拌。

6 面团搅拌3分钟后，取出部分面团拉抻，确认其搅拌状态。
※ 此时，面团中的全部食材仍未搅拌均匀，面团表面仍然很黏糊。

7 将搅拌机调至2挡搅拌3分钟，确认面团的搅拌状态。
※此时，面团中的食材虽均匀分布，但面团表面仍然很黏糊，面团黏性较差。

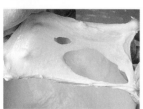

8 将搅拌机调至3挡搅拌3分钟，确认面团的搅拌状态。
※此时的面团已被搅拌成一团，面团黏性增加，但拉抻时，面团仍然很容易断裂。

9 向搅拌机中加入黄油、起酥油之后，搅拌机调至2挡搅拌2分钟，搅拌过程中确认面团的搅拌状态。
※由于油脂的加入，面团变得更加柔软了。

10 将搅拌机调至3挡搅拌5分钟，确认面团的搅拌状态。
※此时，面团已搅拌充分，拉抻时，面团十分光滑，并且很薄。

11 将面团整理一下，使其表面呈现较为圆鼓的状态，将整理好的面团放入发酵盒中。
※揉和好面团的温度以28℃为最佳。

发酵（初次发酵）

12 将发酵盒放入温度为28~30℃、湿度为75%的发酵箱中发酵，发酵时间为40分钟。
※此阶段要对面团充分发酵，直至面团表面不再黏糊，面团充分膨胀为止。

分割、滚圆

13 将发酵好的面团放到工作台上，分割成45g的小块。

14 将面团充分滚圆。
※滚圆时要将面团中的空气充分排尽。

滚圆之前　　滚圆之后

15 将滚圆好的面团摆到铺有白布的搁板上。

中间醒发

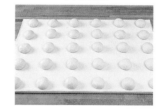

16 将整理好的面团放入发酵箱中，采用同样的发酵条件将面团发酵15分钟。
※在面团开始失去弹性之前，对其充分醒发。

成型——夹心面包

17 用手掌按压面团，排出面团中的气体。将面团较为平整的一面向下放到手心上，用刮刀挑适量夹心放于面团上。
※夹心要尽量放到面团的中间位置。

18 用刮刀压住夹心，将手掌弯曲起来。
※此过程中，面团的边缘沾上夹心就不容易黏合在一起了，所以要避免夹心沾到面皮边缘。此时还需要对夹心的量调整，夹心较少时可适量添加，过多可适量减少。如果夹心太多，对其使劲按压时夹心很容易透出来，面皮黏合处也容易裂开，要尽量避免夹心过多。

19将面团边缘一起收拢，聚集后将其用力捏在一起。

25分别用双手的拇指和食指将面团夹住，将面团边缘压到一起。

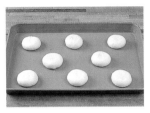

20将面团捏合位置向下摆在烤盘上，摆好后轻轻按压面团，使其平整。

26将面团放到工作台上，用双手的指尖位置将面团压到一起，整理一下面团的形状。

最终发酵——夹心面包

21将面团放入温度为38℃、湿度为75%的发酵箱中发酵60分钟。
※如果阶段的面团发酵不充分，面团捏合位置就很容易裂开。

27用刮刀的一端在面团边缘切上几处小口。
※切的时候要尽量在靠近奶油夹心的位置切开，这样做出的面包才更美观。

烘烤——夹心面包

22用毛刷将蛋液刷满面包表面，用沾湿的擀面杖蘸适量罂粟籽，然后稍微用力地将擀面杖抵在面团中央。

28将整理好的面包摆放到烤盘上。

23将面团放入上火220℃、下火170℃的烤箱后，再喷入蒸汽，烘烤10分钟。

最终发酵——奶油面包

29将面团放入温度为38℃、湿度为75%的发酵箱中发酵60分钟。
※如果此过程中面团发酵不充分，面团的黏合部位就容易张开，奶油也容易流出。

成型——奶油面包

24参照夹心面包步骤17～18的操作，将奶油包到面团里。
※加入奶油与加入夹心时的注意问题是一样的，要尽量避免奶油沾到面团边缘。此外，奶油比一般夹心要软许多，按压的时候要注意力度的控制，防止用力过大将奶油挤出去。

烘烤——奶油面包

30用毛刷将蛋液涂满面包表层。

31 将面团放入上火220℃、下火170℃的烤箱中，烤制10分钟。

成型——曲奇面包

32 将面团较为平整的一面向下置于手掌上，轻轻按压面团，排出面团中的空气，并将面团滚圆。
※将面团整理成较为平整的球形。

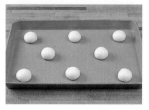

33 将面团底部捏合在一起，捏合位置向下置于烤盘上。

最终发酵——曲奇面包

34 将面团放入温度为38℃、湿度为75%的发酵箱中发酵60分钟。
※此时要将面团充分发酵好，但如果发酵过度，面团便不会呈现出较为漂亮的半球形，面包的口感也会差一些，要尽量注意发酵程度的把握。

烘烤——曲奇面包

35 将曲奇面糊倒入带有裱花头的直径9mm裱花袋里，从面团中间位置开始将曲奇面糊挤成旋涡状。

36 将面团放入上火200℃、下火170℃的烤箱中，烤制12分钟。
※面包烤好后，将整个烤盘从10cm左右的高处摔一下，防止面包变瘪。

成型——菠萝面包

37 将菠萝面团揉一下，使其变柔软，整理成球形。然后将菠萝面团压成比普通面包面团稍小的扁平状。

38 将菠萝面团放到面包面团上，用手掌按压，使两个面团黏合到一起。

39 将黏合后的面团放到手心里揉捏，使菠萝面团覆盖整个面包面团，将整个面团整理成球形。
※整个面包面团被菠萝面团覆盖住，无法查看其状态，但还是要将面团中的气体排尽，使其呈现较为紧实的球形。

40 将面团底部捏合到一起，捏住面团捏合部位，将面团表面黏上一层细砂糖。

41 将面团黏合部位向下摆放于烤盘上，面团表面用刮刀或其他工具压出格子花纹。

42 图中为面团最终发酵前的状态。

最终发酵——菠萝面包

43 将面包放入温度为35℃、湿度为50%的发酵箱中发酵60分钟。

※发酵时要采用菠萝面团不会变软、融化及面团表面的细砂糖不会融化的湿度进行。

烘烤——菠萝面包

44 将面团放入上火190℃、下火170℃的烤箱中，烤制12分钟。

※面包烤好后，将整个烤盘从10cm左右的高处摔一下，防止面包变瘪。

奶油面包用蛋奶羹夹心

食材（20个的分量）

牛奶	500g
香草荚	1/2根
蛋黄	120g
蛋白	30g
砂糖	140g
低筋面	25g
玉米淀粉	15g
黄油	25g

1 将香草荚纵向剖开，取出其中的香草籽。

2 将牛奶、香草荚和香草籽一起放到锅中，用中火加热。

3 将蛋黄和蛋白放到碗里，用打蛋器搅拌，加入砂糖（A），将其充分搅拌至蛋液发白。

4 将低筋面和玉米淀粉加到步骤3的食材中搅拌均匀。

5 在步骤2中的食材沸腾之前加到步骤4的食材中，并搅拌（B）。

6 将步骤5的食材过滤一下倒入2的锅中。用打蛋器对其充分搅拌，直至锅中食材沸腾。

7 加热至蛋奶羹呈现一定的光泽、较为浓稠时关火，加入黄油，搅拌均匀即可（C）。

8 将做好的蛋奶羹倒入平底方盘中（D），方盘表面盖上塑料薄膜。用冰水对其进行冷却处理。

曲奇面团

食材（20个的分量）

黄油	150g
砂糖	150g
蛋黄	50g
蛋白	70g
香草精	少许
低筋面	150g

1 将置于室温中软化后的黄油放入碗中，用打蛋器搅拌至变顺滑。

2 将白砂糖分数次加入（A），充分搅拌至黄油发白为止。

3 将蛋黄和蛋白一起加入并充分搅拌后，慢慢加入步骤2的食材中，边加边搅拌（B）。

4 将香草精加到碗里后充分搅拌。

5 加入低筋面（C），将碗中食材搅拌至变光滑为止（D）。

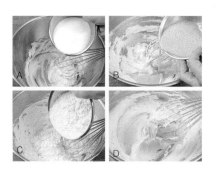

菠萝包面团

食材（23个的分量）

黄油	70g
砂糖	130g
蛋黄	30g
蛋白	40g
柠檬皮（磨碎）	1/4小匙
香草精	少许
低筋面	240g

1 将置于室温中软化后的黄油放入碗中，用打蛋器搅拌至变顺滑。

2 将白砂糖分数次加入，对其充分搅拌。

3 将蛋黄和蛋白一起加入并充分搅拌后。慢慢加入步骤2的食材中，边加边搅拌（A）。

4 将柠檬皮、香草精加到碗里后充分搅拌。

5 加入低筋面，用刮板如切割般将面粉搅拌均匀（B），直至碗中没有干面粉为止（C）。

6 将搅拌好的面团放入塑料袋中，塑料袋平放（D），整理好的面团放入冰箱中进行冷冻使其变硬。

7 将冷冻后面团取出，自然解冻之后将其分割成22g的小块并滚圆（E），将滚圆后的面团重新放回冰箱。

8 在使用前30分钟将面团从冰箱中取出，在室温中放置使其变软。

9 使用时，先将面团放到手上，轻轻按揉，使其变柔软（F）。揉和之前面团没有弹性，很容易断裂（G），按揉之后的面团逐渐具有一定的延展性（H）。

布里欧面包
Brioche

布里欧面包是一种源自法国诺曼底地区的特色面包。

19世纪初期，一位天才糕点师制作出了这种面包，后来这种点心被人们广泛食用。时至今日，法国人仍会将黄油和鸡蛋搅拌在一起，制作出各种美味的点心。而布里欧面包的食用尤为广泛，有时甚至会成为派对必选甜点。

制作方法 直接发酵法

食材 1.5kg（89个的分量）

	比例(%)	重量(g)
法式面包专用粉	100.0	1500.0
砂糖	10.0	150.0
食盐	2.0	30.0
脱脂奶粉	3.0	45.0
黄油	50.0	750.0
鲜酵母	3.5	52.5
鸡蛋	25.0	375.0
蛋黄	10.0	150.0
水	34.0	510.0
合计	237.5	3562.5
蛋液		适量

搅拌	立式搅拌机 1挡3分钟 2挡3分钟 3挡8分钟 油脂 2挡2分钟 3挡8分钟 搅拌完成面团的温度为24℃
发酵	30分钟 25℃ 75% 发酵后拍打
冷藏发酵	18小时（±3小时）5℃
分割	40g
中间醒发	30分钟
成型	参照制作方法
最终发酵	60分钟 30℃ 75%
烘烤	涂抹蛋液 12分钟 上火220℃ 下火230℃

准备工作

·将黄油从冰箱中取出，刚取出的黄油比较硬，用擀面杖敲打使其变软。

※在长时间的搅拌过程中，面团的温度会上升很多，因此加入的黄油要保持其较低的温度、较大的柔软度。

·将模具（直径8cm）涂上适量黄油。

布里欧面包的横切面

由于面包中加入了大量的鸡蛋和黄油，并且经过了充分烘烤，面包皮较厚实、酥脆，而面包心比蛋糕心要粗糙些。面包中加入的鸡蛋较多，因此面包心的颜色较黄。

搅拌

1 将除黄油之外的全部食材放入搅拌机中，用1挡搅拌。搅拌3分钟后，取出部分面团拉抻，确认其搅拌状态。
※由于面团中加入了大量的鸡蛋，因此搅拌后的面团较为黏糊，拉抻时面团很容易断裂。

2 将搅拌机调至2挡，搅拌3分钟，确认面团的搅拌状态。
※此时虽然面团的黏性增加了，但面团表面仍很黏糊。

3 将搅拌机调至3挡，搅拌8分钟，确认面团的搅拌状态。
※此时面团的黏性明显增加，拉抻时能够被拉得很薄，面团也较为光滑。

4 加入黄油，用2挡搅拌2分钟，确认面团的搅拌状态。
※由于此时加入的油脂较多，搅拌后的面团黏性降低，拉抻时很容易断裂，也较为柔软。

5 将搅拌机调至3挡，继续搅拌，搅拌过程中面团的温度上升，可在搅拌机下面加适量冰水对其降温。

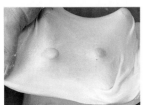

6 搅拌8分钟后，确认面团的搅拌状态。
※拉抻后的面团光滑且更薄。

7 将面团整理一下，使其表面呈现较为圆鼓的状态，将整理好的面团放入发酵盒中。
※揉和好面团的温度以24℃为最佳。

发 酵

8 将发酵盒放入温度为25℃、湿度为75%的发酵箱中发酵，发酵时间为30分钟。

拍 打

9 对面团整体按压，从左、右分别将面团折叠过来，以稍高强度拍打面团（P39）。将拍打后的面团放入方形底盘中。继续按压面团，使其呈现较为平整的状态，然后将面团放入塑料袋中。
※为使面团能够在此过程中均匀散热，要将面团整理成较为平整、厚薄均匀的状态。拍打之后，要继续按压面团，这样就对面团进行了较高强度的按压。

冷藏发酵

10 将发酵盒放入温度为5℃的冰箱中，醒发18小时。
※由于此种面团太过柔软，为方便进行成型等操作步骤，要将面团置于低温中冷藏发酵。
※一般来说，面团的发酵时间为18小时，但可以根据实际情况，在15~21小时之间进行适当调整。

分割

11 为方便分割操作，要将面团切小后进行对折与按压，将面团压成厚度为2cm的面团。

12 将面团分割成40g小块，轻轻按压。将整理好的面团摆在铺有白布的搁板上，盖上塑料薄膜。
※对面团按压是为了面团在发酵过程中变柔软，而将其整理成较薄状态的。

按压之前　　　按压之后

中间醒发

13将整理好的面团在室温中醒发30分钟。

※在室温中，面团的温度会不断上升，并慢慢恢复其延展性。发酵过程中，面团的中心温度以18~20℃为最佳。

成型

14将面团置于手掌上按压，排出面团中的气体。将面团较为平整的一面向外，面团底部捏合在一起。

※捏合时，要尽量将面团整理成较为圆鼓的状态。

15将面团捏合位置横向放置，用小指侧面将面团前后转动，在远离面团捏合位置2/3的部位将面团整理成葫芦状。

16面团滚动变细时，要注意在面团被切断之前停止滚动，使面团仍有部分黏合在一起。

17将面团拿起来，较大的一侧朝下，放入面包模具中。

18将较小的面团压到较大面团的中心位置。

※用指尖将小面团捏住并按压到模具底部位置。

19将整理好的面团摆放于烤盘上。

最终发酵

20将面团放入温度为30℃、湿度为75%的发酵箱中发酵50分钟。

※如果发酵时的温度过高，黄油就会融化，最后烤制出的面包就会油光光的，影响美观。

烘烤

21用毛刷将蛋液涂满面包表面。

22将面团放入上火220℃、下火230℃的烤箱中，烤制12分钟。

关于布里欧面包的叫法

布里欧面包根据其形状的不同，会有各种各样的叫法。在这里我们介绍的是顶部带有突出的类型，这种面包在法语中被叫做brioche à tête。此外，球形的被叫做Brioch moussereine，王冠形的被叫做brioche à Couronne，方形的被叫做Brioches de nanterre。这些都是很具代表性的面包种类。

布里欧面包的面团还经常被用作料理的原料。将煮好的香肠卷在里面，烤制成美味的saucisson en brioche，将鲑鱼、蘑菇、大米等卷在里面，烤制出的koulibiac de saumon等，都是十分有名的料理。

法式葡萄干面包
Pain aux raisins

葡萄干面包是最具代表性的法式点心面包。

制作时将蛋黄酱或杏仁奶油涂抹于面团上，撒上适量葡萄干，将面团一圈一圈卷起后，将其切成一个个的小面团，因此最后烤制出的面包中，面团与奶油重叠在一起，面包呈现旋涡状，这就是此款面包最大的特征。

制作方法　直接发酵法

食材　　准备1.5kg（60个的分量）
主要食材与布里欧面包一样。请参照的P133食材表。

●夹心（1整个的分量=20个）	
蛋黄奶油酱（P137）	300g
葡萄干（浸泡于朗姆酒）※	150g
全蛋液、粉砂糖	若干

※将洗净的葡萄干置于朗姆酒中进行浸泡。浸泡时间可根据个人口味或喜好适当调整。浸泡之后将葡萄干沥干再使用。

搅拌	发酵与布里欧面包一样，具体请参照P133的操作步骤
分割	1150g
冷藏发酵	18小时（±3小时）5℃
分割	参照制作方法
最终发酵	50分钟 30℃ 75%
烘烤	涂抹蛋液 12分钟 上火230℃ 下火180℃

法式葡萄干面包的横切面
面包的面团与奶油均匀卷在一起为最佳。

搅拌~发酵

1 与布里欧面包的操作方法中步骤1~8（P134）相同。

分割、滚圆

2 将面团取出后置于操作台上，分割成1150g的块状。

3 将面团轻轻滚圆。

4 将面团摆放于烤盘上，并对其轻轻按压（A），然后将面团连同烤盘放于塑料袋中。

※为使面团能够均衡降温，要将其整理成较为扁平的状态。

冷藏发酵

5 将面团放入温度为5℃的冰箱中，发酵18小时（B）。

※由于此种面团太过柔软，为方便成型等操作，要将面团置于低温中冷藏发酵。

※一般来说，面团的发酵时间为18小时，但可以根据实际情况，在15~21小时之间适当调整。

成型

6 将低温发酵好的面团从塑料袋中取出后置于工作台上，用擀面杖按十字形擀一下（C）。

※在面团中央的1/3部位用擀面杖擀一下，将面团旋转90°，同样在中间1/3的位置擀一下。

7 擀过之后剩余的4个角按照从面团中间到边缘的顺序，倾斜45°擀一下，这样面团就被擀成了正方形。

8 用压面机将面团压成宽25cm、厚5mm的片状。

※此阶段虽要将面团压制数次，但尽量要加快速度，时间过长面团就会变软，不容易操作。

9 将面团较长的一侧横向置于工作台上，在靠近身体一侧2cm的位置用擀面杖将面团擀薄。

10 将面团擀薄部分留出，其余部分涂抹上蛋黄奶油酱，撒上处理好的葡萄干。

11 将面团从对面卷向靠近身体一侧（D）。将靠近身体2cm处的面团用毛刷涂抹适量水，将面卷黏到卷好的面团上。

※此阶段要将面团卷成长60cm、粗细均匀的圆柱形。

12 在面团上划出20等分（宽3cm）的切痕（E），用刀将面团切割开（F）。

13 先在烤盘上铺一层烘焙纸，然后将切好的面团摆在烘焙纸上（G）。

※面团经过发酵之后能够迅速变大、膨胀，因此摆放面团时要留出适当的空隙。

最终发酵

14 将面团放入温度为30℃、湿度为75%的发酵箱中发酵50分钟（H）。

※如果发酵时的温度过高，黄油就会融化，烤出的面包就会油腻腻的，影响美观。

烘烤

15 用毛刷在面团表层涂抹一层蛋液。

※涂抹蛋液时不仅要对面团上部进行涂抹，面团侧面也要适当涂抹。

16 将面团放入上火230℃、下火180℃的烤箱中，烘烤12分钟。

※待面包冷却之后，可根据个人喜好撒上适量粉砂糖。

A

B

C

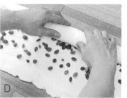
D

蛋黄奶油酱
食材（650g的分量）

牛奶	500g
香草荚	1/2根
蛋黄	120g
砂糖	150g
低筋面	50g

1 将香草荚纵向剖开，取出里面的香草籽。

2 将牛奶、香草荚和香草籽一起放到锅中，中火加热。

3 将蛋黄加到碗里，用打蛋器搅拌一下，加入适量白糖后，将碗中食材充分搅拌，直至食材发白为止。

4 将低筋面加到步骤3的食材中，适当搅拌，将快要沸腾的步骤2中的热牛奶慢慢加到碗里，并搅拌。

5 将步骤4中搅拌好的食材过滤一下，加到步骤2中用来加热牛奶的锅中。边煮边用打蛋器搅拌，直至锅中液体沸腾为止。

6 煮至锅中液体呈现较为光滑的奶油状时，将其倒入平底方盘中，上面盖上塑料薄膜，用冰水进行冷却。

E

F

G

H

德式切块糕点
Blechkuchen

　　在德国，它是用烤盘烤制出的点心的总称。该类面包底部为发酵面团（使用酵母发酵后的面团），上面涂抹适量奶油后搭配些时令性水果，烘烤之后香气十足。烤制之后再结合您个人喜好切成适当大小，美味又美观。其中糖粉奶油杏仁碎糕点和奶油碎末糕点是最受欢迎的种类。

上：奶油碎末糕点　下：糖粉奶油杏仁碎糕点

制作方法　　直接发酵法

食材　　3kg（2种×各4块的分量）

	比例（%）	重量（g）
法式面包专用粉	100.0	3000
砂糖	15.0	450
食盐	1.5	45
脱脂奶粉	4.0	120
高筋面	20.0	600
鲜酵母	3.5	105
鸡蛋	20.0	600
水	42.0	1260
合计	206.0	6180

●糖粉奶油杏仁碎糕点的点缀 （30cm×40cm烤盘1大块的分量）	
黄油	70
杏仁碎	70
砂糖	70

●奶油碎末糕点的点缀 （30cm×40cm烤盘1大块的分量）	
蛋黄奶油酱（P137）	650
黄油面碎（P140）	400
粉砂糖	适量

搅拌	自动螺旋式搅拌机 1挡4分钟 油脂 2挡8分钟 搅拌完面团的温度为26℃
发酵	30分钟 28～30℃ 75%
分割	糖粉奶油杏仁碎糕点：800g 奶油碎末糕点：700g
冷藏发酵	18小时（±3小时）5℃
成型	结合烤盘大小对面团进行整理 制作奶油碎末糕点时要涂抹奶油
最终发酵	30分钟 35℃ 75%
烘烤	◆糖粉奶油杏仁碎糕点点缀 15分钟 上火210℃ 下火170℃ ◆奶油碎末糕点撒上黄油面碎 35分钟 上火210℃ 下火170℃

准备工作

· 在糖粉奶油杏仁碎糕点用的烤盘（30cm×40cm）上涂抹较多黄油，奶油碎末糕点用的烤盘（相同大小）上涂抹少许即可。

· 将糖粉奶油杏仁碎糕点点缀时用到的黄油放入室温中软化，然后将软化后的黄油放到裱花袋中备用。

德式切块糕点的横切面

　　由于面包是将较大的发酵面团分割，再用擀面杖擀成适合烤盘的大小后放入烤盘中进行烤制的，面包心较为粗糙，面团皮较厚。与糖粉奶油杏仁碎糕点相比，奶油碎末糕点在制作过程中，在发酵面团上先涂抹一层黄油，然后撒上黄油面碎。由于表层食材较多，烤制出的面包心更为密实，气孔较小。由于长时间的烘烤，面包底部的面包皮较厚。

搅 拌

1 将除黄油之外的全部食材放入搅拌机中，用1挡搅拌。搅拌4分钟后，取出部分面团拉抻，确认其搅拌状态。

※此时的面团仍然很黏糊，面团黏性较差，其表面也较为粗糙。

2 加入黄油，用2挡搅拌8分钟，确认面团的搅拌状态。

※此时的面团已较为柔软，能够与搅拌机底部分开。轻轻拉抻时，面团稍有斑点。

3 将面团整理一下，使其表面呈现较为圆鼓的状态，将整理好的面团放入发酵盒中。

※揉和好面团的温度以26℃为最佳。

发 酵

4 将发酵盒放入温度为28~30℃、湿度为75%的发酵箱中发酵，发酵时间为30分钟。

※在发酵过程中，面团会发生膨胀，但为方便后面冷藏发酵，此阶段的发酵要在较短时间内结束。发酵时间以用手指按压面团会有指痕留下，且面团会迅速恢复原状为宜。

分割、滚圆

5 将发酵好的面团放到工作台上，分割成800g和700g块状。

滚圆之前　　　滚圆之后

6 将面团充分滚圆。

7 将滚圆后的面团摆到烤盘上，面团连同烤盘一起放入塑料袋中。

冷藏发酵

8 将整理好的面团放入温度为5℃的冰箱中，进行18小时的低温发酵。

※由于此种面团较为柔软，为方便后面的操作步骤，此阶段需要将面团放入冰箱中充分冷却。

成 型

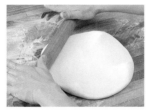

9 将面团取出后置于操作台上，用擀面杖在中间位置擀出十字形。剩下四角从面团中间位置向边缘位置，以45°倾斜，擀成四方形。

10 继续将面团擀至适合烤盘的大小，擀好后的面团铺到烤盘上。

※将面团擀成烤盘大小的时候要注意，最开始要擀成比烤盘稍小的大小，在面团放入烤盘之后再拉抻、按压等处理，使其完全符合烤盘大小。

11 在奶油碎末糕点面团（700g）上涂抹做好的蛋黄奶油酱。

12 图中为糖粉奶油杏仁碎糕点最终发酵前的状态。

13图中为奶油碎末糕点最终发酵前的状态。

19在面团上撒适量黄油面碎。

最终发酵

14将两种面团均放入温度为35℃、湿度为75%的发酵箱中发酵30分钟。图中为奶油面团发酵后的状态。

20将面团放入上火210℃、下火170℃的烤箱中，烤制35分钟。

※与糖粉奶油杏仁碎糕点相比，这种糕点的烘烤时间更长，为防止糕点底部因烘烤时间过长而变糊，要在下面垫一个大一些的空烤盘，这样做出的糕点就不容易变焦了。待糕点温度降低之后，可根据个人喜好撒上适量粉砂糖。

15图中为奶油碎末糕点发酵后的状态。

※为使两种面团做出的面包都有较好的口感，要尽早结束发酵过程。

黄油面碎

食材（650g的分量）

低筋面	400g
肉桂粉	1小匙
柠檬皮（磨碎）	1/4小匙
黄油	200g
砂糖	200g
香草精	少量

烘烤——糖粉奶油杏仁碎糕点

16用手指在面团上部弄出均匀的小眼。

1将低筋面、肉桂粉、柠檬皮混合在一起。

2将置于室温中的黄油放入碗中，用打蛋器搅拌至光滑状。

3将砂糖分数次加入步骤2的碗里，充分搅拌至碗中食材发白为止（A）。

4将香草精加到步骤3的碗里，搅拌一下。

17将裱花袋中的黄油挤到面团上，撒上杏仁碎和适量白砂糖。

5将步骤4中搅拌好的食材加到步骤1的食材中，用硬卡片搅拌均匀（B）。

6待干粉搅拌均匀后，将面团捏一下，使其变硬且黏合在一起（C）。

7用眼稍大些的筛子将面团筛成肉松状（D）。

8将筛好的面碎放到方盘上，将盘子放入冰箱冷却，使其固定在一起。

18将面团放入上火210℃、下火170℃的烤箱中，烤制15分钟。

小甜面包

Sweet roll

甜面包与咖啡点心一样，都是美国最具代表性的点心面包。

早晨，经常能够在咖啡店看到这样的光景——人们喝着咖啡，大口大口吃着甜面包。

加入各种食材的面团，搭配上香甜的奶油，再点缀上其他食材，美味与精致的完美结合。细细品尝，美味溢于言表，这款面包就是甜美与美味的代名词！

制作方法 直接发酵法

食材 3kg（108个的分量）

	比例(%)	重量(g)
高筋面	100.0	3000
优质白糖	20.0	600
食盐	1.5	45
脱脂奶粉	5.0	150
黄油	15.0	450
起酥油	10.0	300
鲜酵母	4.0	120
蛋黄	20.0	600
水	42.0	1260
合计	217.5	6525

●夹心

〈巧克力核桃〉

杏仁奶油（P143）	270
巧克力	90
核桃	90

〈葡萄干〉

杏仁奶油（P143）	300
无核葡萄干	180

全蛋液	适量

奶油的搅拌	黄油、起酥油、优质白糖、食盐、蛋黄
搅拌	立式搅拌机 1挡3分钟 2挡3分钟 3挡8分钟 搅拌完面团的温度为26℃
发酵	45分钟 28~30℃ 75%
分割	1080g
冷藏发酵	18小时（±3小时）5℃
成型	请参照制作方法
最终发酵	60分钟 32℃ 75%
烘烤	面团表面涂抹蛋液 12分钟 上火220℃ 下火170℃

准备工作

·将巧克力和核桃弄碎。

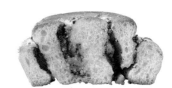

小甜面包的横切面（巧克力核桃夹心）

由于面团搅拌之前进行了奶油搅拌以及对面团的冷藏发酵，面团的延展性得到很大提高，造型感也很强。面包心中能够看到更多较大的气泡。

奶油的搅拌

1 向台式搅拌机中加入黄油和起酥油，将打蛋器安装到搅拌机上搅拌，搅拌至黄油和起酥油变软为止。

※当黄油和起酥油的软硬程度存在很大差异时，先将较硬的一种加到搅拌机中搅拌，然后再加入较软的一种。

2 将优质白糖分几次加到搅拌机中搅拌，直至搅拌机中混入较多空气。

※搅拌过程中要适时将打蛋器从搅拌机上取下，弄干净上面附着的奶油后再继续搅拌。搅拌机底部的奶油比较难搅拌，要适当调整。

3 将食盐加到搅拌机中搅拌一下。将蛋黄分数次加到搅拌机中充分搅拌，使奶油中混入更多的空气。

4 奶油的搅拌完成。

※将奶油用打蛋器挑起，奶油会黏到打蛋器上不易掉下来。

搅拌

5 将剩余食材与步骤4中搅拌好的奶油一起加到立式搅拌机中，用1挡搅拌3分钟。搅拌过程中取出部分面团拉抻，以确认其搅拌状态。

※由于油脂的加入，面团会比较黏糊，拉抻时很容易发生断裂。

6 将搅拌机调至2挡搅拌3分钟，确认面团的搅拌状态。

※此时面团已经具备一定的黏性，但面团表面仍很黏糊。

7 将搅拌机调至3挡搅拌8分钟，确认面团的搅拌状态。

※此时的面团表面已经不再那么黏糊，拉抻时能够被拉成很薄，但面团仍会有凹凸不平之感。

8 将面团整理一下，使其表面呈现较为圆鼓的状态，将整理好的面团放入发酵盒。

※揉和好面团的温度以26℃为最佳。

发 酵

9 将发酵盒放入温度为28～30℃、湿度为75%的发酵箱中发酵，发酵时间为45分钟。

※面团的发酵过程应尽早结束，以用手指按压面团会留下指痕、面团会慢慢恢复原样为宜。

分割、滚圆

10 将滚圆后的面团置于工作台上，分割成1080g的块状，并充分滚圆。

滚圆之前　滚圆之后

11 将面团摆在烤盘上，将面团连同烤盘一起放入塑料袋中。

冷藏发酵

12 将包好的面团置于5℃的冰箱中，低温发酵18小时。

※由于此种面团较为柔软，将面团低温处理之后容易操作，因此要将其冷藏发酵。

※一般来说，面团的发酵时间为18小时，具体可根据实际情况调整，但基本上以15～21小时为最佳。

成型

13将发酵好的面团取出后置于操作台上，用擀面杖将其中间位置擀成十字形。剩下的四角则按照从中间向边缘的顺序、倾斜45°，最后将面团擀成四方形即可。

14用压面机将擀好的面团压成宽25cm、厚4mm的片状。
※将面团压薄的过程虽然要分数次进行，但不加快速度，面团很快就会变软，不利于继续操作。

15将压薄的面片横向置于工作台上（如图所示），从靠近身体一侧将宽度约为2cm的面团擀薄。

16将面片擀薄之外的其余部分涂抹杏仁碎奶油、撒上巧克力碎。从远离身体的一侧将面团卷向靠近身体的一侧。
※此阶段要将面团卷成长54cm、较为均匀的圆柱形。可以根据个人喜好用葡萄干代替巧克力和核桃撒在面团上。

17将卷好面团靠近身体一侧2cm的地方用毛刷涂抹适量清水，这样面团边缘位置就黏得很牢固了。将整理好的面团18等分（宽3cm）。整理一下切好面团的形状后就可以将面团放入铝合金模具中了。将装入模具的面团摆放在烤盘上。

最终发酵

18将面团放入温度为32℃、湿度为75%的发酵箱中发酵60分钟。
※此阶段虽要将面团充分发酵，但如果发酵过度，烤制后的面包就容易干巴巴的，影响口感。

烘烤

19用毛刷将面包表面涂抹一层蛋液。将面团放入上火220℃、下火170℃的烤箱中，烤制12分钟。

搅拌奶油的目的

奶油的搅拌是指将油脂、蛋黄、砂糖等食材搅拌、打泡的过程。事先将这些食材搅拌、打泡，能使其形成较为细小的气泡，这样做出的面包才会更细腻、柔软。

搅拌时，将事先搅拌好的食材（尤其是油脂）从一开始就加入搅拌机中搅拌的话，面团的黏性就会降低，而面团的黏稠性又与面包的口感有着直接关系。但是，如果面团的黏性过大，面团就会过软，造型能力就会很低，因此对面团的搅拌要注意时机和时间的把握。

甜面包用杏仁奶油
食材（1770g的分量）

蛋黄	135g
蛋白	195g
杏仁粉	450g
低筋面	45g
黄油	450g
砂糖	450g
朗姆酒	45g

1将蛋黄和蛋白混在一起搅拌均匀。

2将杏仁粉和筛过的低筋面粉混合在一起。

3将在室温中变软的黄油放入碗中，用打蛋器搅拌至光滑状。

4将砂糖分次加入步骤3的食材中，并充分搅拌。

5将步骤1和步骤2中的食材交替加到步骤4的食材中（A），将碗中全部食材搅拌至光滑状（B）。

6加入朗姆酒后继续搅拌。

咕咕霍夫面包

Kouglof

　　相传，法国东部地区阿尔萨斯十分有名的传统点心咕咕霍夫是从德国或是维也纳传入的。很久以前人们都是使用啤酒酵母发酵面团制作面包，人们习惯把这种面包当做早饭或点心，甚至是下酒菜来食用。

制作方法　直接发酵法

食材　3kg（19个的分量）

	比例(%)	重量(g)
高筋面	100.0	3000
砂糖	25.0	750
食盐	1.5	45
脱脂奶粉	5.0	150
柠檬皮（磨碎）	0.1	3
黄油	35.0	1050
鲜酵母	4.0	120
蛋黄	20.0	600
水	46.0	1380
无核葡萄干	50.0	1500
陈皮	5.0	150
大马尼埃酒	3.0	90
合计	294.6	8838
粉砂糖		适量

搅拌	自动螺旋式搅拌机 1挡4分钟 2挡10分钟 油脂 1挡2分钟　2挡10分钟 加入水果 1挡2分钟 搅拌完面团的温度为26℃
发酵	120分钟（80分钟时拍打） 28~30℃ 75%
分割	450g
中间醒发	10分钟
成型	环状
最终发酵	60分钟 32℃ 75%
烘烤	喷上水雾 35分钟 上火160℃ 下火200℃

准备工作
· 将无核葡萄干用温水洗一下，用笊篱捞出来，沥干水分备用。
· 将陈皮用温水洗一下，用笊篱捞出，沥干水分，切碎后与大马尼埃酒混合在一起。
· 将咕咕霍夫面包用模具（直径18cm）涂抹上一层黄油。

咕咕霍夫面包的横切面

　　由于制作时对含有较多鸡蛋、黄油的面团进行了长时间搅拌，所以面包皮较厚，面包心也比只添加黄油的面包心气孔更小、更密集。

搅拌

1 将除黄油和水果之外的全部食材放入搅拌机中，用1挡搅拌。

2 搅拌4分钟后，取出部分面团拉抻确认其搅拌状态。
※由于面团中加入了较多的蛋黄和砂糖，面团很黏糊，拉抻时很容易发生断裂。

3 将搅拌机调至2挡，搅拌10分钟，确认面团的搅拌状态。
※此时全部食材已搅拌均匀，面团表面虽然仍很黏糊，但面团的黏性增加了。

4 加入黄油，用1挡搅拌2分钟，确认面团的搅拌状态。
※由于此时加入了大量的油脂，面团的黏性大大降低，拉抻时很容易断裂。面团呈现较为柔软的状态。

5 将搅拌机调至2挡，继续搅拌10分钟，边搅拌边确认面团的搅拌状态。
※此时，面团不再那么黏糊，面团变得更加光滑，拉抻时能够被拉成很薄。

6 加入水果，将搅拌机调至1挡搅拌。
※当水果等均匀分布时即搅拌完成。

7 将面团整理一下，使其表面呈现较为圆鼓的状态，将整理好的面团放入发酵盒中。
※揉和好面团的温度以26℃为最佳。

搅拌

8 将发酵盒放入温度为28～30℃、湿度为75%的发酵箱中发酵，发酵时间为80分钟。
※此时面团已充分膨胀。

发酵

9 对面团整体按压，从左、右分别将面团折叠过来，以稍低强度拍打面团（P39）。将拍打后的面团放入发酵盒。
※由于制作的面包为口感较为柔软、容易咬碎的类型，对面团拍打时力度不要太大，比对其他软面团拍打的力度小些即可。

拍打

10 将发酵盒放入与刚才条件相同的发酵箱中，继续醒发40分钟。
※此时面团充分发酵，使其膨胀，用手指按压能留下指痕为宜。

分割、滚圆

11 将发酵好的面团放到工作台上，分割成450g的块。

12 将小面团滚圆。把滚圆后的面团摆到铺有白布的搁板上。
※因为将葡萄干放在表面容易被烤焦，所以将葡萄干放入底部揉圆。

滚圆之前　　　　滚圆之后

中间醒发

13将整理好的面团放入发酵箱中,采用同样的发酵条件将面团发酵10分钟。

※中间醒发需在较短的时间内结束,给面团留有一定的弹性,便于后面的成型。

成 型

14将面团较为平整的一面向上放置,面团中间部位用直径为3cm的擀面杖按压出小洞。

※按压时,要先在擀面杖上涂抹干面粉,然后一次将面团压透。

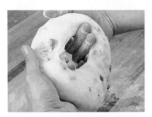

15一边用手将按压出的小洞弄大,一边将面团整理成粗细均匀的环状。

※将面团小洞的部位整理光滑,将面团光滑的一面和较为粗糙的一面捏平滑。

16将面团较为光滑的一面向下放到模具里。

※将面团放入模具里时要注意,尽量避免过多空气进入模具里,使面团和模具中间贴合在一起。

最终发酵

17将面团放入温度为32℃、湿度为75%的发酵箱中发酵60分钟。

※要将面团发酵、膨胀至模具的90%为止。

烘 烤

18在面团表面喷上一层水雾。

※喷洒时以面团表面微微湿润为宜。

19将面团放入上火160℃、下火200℃的烤箱中,烤制35分钟。

※将面团从烤箱中取出之后,要在稍高的位置将面团连同模具摔下,这样面包和模具就很容易分开,使模具能轻松卸下。待面包稍凉之后,可根据个人喜好撒上适量粉砂糖等。

咕咕霍夫面包节

咕咕霍夫面包用
陶制模具

　　在阿尔萨斯的里博维莱,每年的六月初都会举行咕咕霍夫面包节。从古代延续至今的烘焙工艺,现在竟成为一种竞技项目,人们对咕咕霍夫面包的情结可见一斑。在面包节上,人们喝着阿尔萨斯独特的美酒,品尝着美味的咕咕霍夫面包,感受着里博维莱人对这种面包特有的喜爱。面包节上的主角当然是非美味的咕咕霍夫面包莫属了,人们将做好的大面包放在神轿上,行走在村落里的大街小巷,场面是壮观。此外,陶制的咕咕霍夫面包模具也总会被描绘上五颜六色的图案,看上去就赏心悦目,爱好收藏各式模具的也是大有人在。这都无一不体现了人们对咕咕霍夫面包的特有情愫。

模具面包

山形面包

可以说，主食面包是许多人餐桌上必不可少的。

将面团用模具（不加盖）烤制之后，面包顶部膨胀犹如山形，这样的面包就是山形面包。19世纪60年代，英国人首先制作出了这种面包，因此这种面包又被称作英式面包。与之相类似，在烘烤时加盖烤制出的方形面包，叫做角形面包。

制作方法 直接发酵法

食材 准备3kg（8个的分量）

	比例(%)	重量(g)
高筋面	100.0	3000
砂糖	5.0	150
食盐	2.0	60
脱脂奶粉	2.0	60
黄油	3.0	90
起酥油	3.0	90
鲜酵母	2.0	60
水	72.0	2160
合计	189.0	5670
全蛋液		适量

搅拌	立式搅拌机 1挡3分钟　2挡2分钟　3挡4分钟 加入油脂 2挡2分钟　3挡9分钟 搅拌完面团的温度为26℃
发酵	120分钟（80分钟时进行拍打） 28~30℃ 75%
分割	220g（模具面团的比容3.9，请参照P9）
中间醒发	30分钟
成型	方状（将3个面团放入750g的模具中）
最终发酵	70分钟 38℃ 75%
烘烤	涂抹蛋液 35分钟 上火210℃ 下火230℃

准备工作

· 模具中涂抹适量起酥油。

山形面包的横切面

由于面团是放入模具中烘烤，因此面团会沿垂直方向膨胀，面包皮较薄，面包心中的气孔为细长的椭圆形。

搅拌

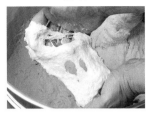

1 将除黄油和起酥油之外的全部食材放入搅拌机中，用1挡搅拌3分钟。搅拌过程中取出部分面团拉抻，确认其搅拌状态。
※由于此种面团较为柔软，面团表面非常黏糊，拉抻时面团很容易破裂。

2 将搅拌机调至2挡，搅拌2分钟，确认面团的搅拌状态。
※此时面团的黏性增强，但面团表面仍很黏糊，拉抻时不易被拉薄。

3 将搅拌机调至3挡，搅拌4分钟，并确认面团的搅拌状态。
※此时面团的黏性较低，拉抻时能够被拉成很薄，但面团仍会有凹凸不平。

4 加入黄油、起酥油，用2挡搅拌2分钟，确认面团的搅拌状态。
※由于此时加入了油脂，搅拌后的面团黏性降低，面团变得很柔软，拉抻时很容易断裂。

5 将搅拌机调至3挡，继续搅拌9分钟，搅拌过程中确认面团的搅拌状态。
※此时，面团再次恢复其黏性，能够被拉成很薄，但面团会稍微凹凸不平。

6 将面团整理一下，使其表面呈现较为圆鼓的状态，将整理好的面团放入发酵盒中。
※揉和好面团的温度以26℃为最佳。

发酵

7 将发酵盒放入温度为28～30℃、湿度为75%的发酵箱中发酵，发酵时间为80分钟。
※此时面团充分发酵，使其充分膨胀，用手指按压能留下指痕为宜。

拍打

8 对面团整体按压，从左、右分别将面团折叠，然后以稍高强度拍打面团（P39）。将拍打后的面团放入发酵盒。
※此时要在拍打过程中使面团具有韧性，因此拍打时力度要大些。

发酵

9 将发酵盒放入与刚才条件相同的发酵箱中，继续醒发40分钟。
※此时面团充分发酵，使其充分膨胀，用手按压能留下指痕为宜。

分割、滚圆

10 将发酵好的面团放到工作台上，分割成220g的小块。

11 将面团充分滚圆。

滚圆之前　　　滚圆之后

12 将滚圆后的面团摆到铺有白布的搁板上。

中间醒发

13 将整理好的面团放入发酵箱中，采用同样的发酵条件将面团发酵30分钟。

※在面团开始失去弹性之前，对其充分醒发。

成 型

14 用擀面杖将面团擀一下，将面团中的气体充分排出去。

※为将面团中的气体排尽，要用擀面杖将面团的两面都擀一下。擀完后的面团形状接近于正方形。

15 将面团较为平整的一面向下放置，从面团一侧将其弯折1/3，对面团边缘适当按压。采用同样的方法将另一侧的面团也弯折1/3，并将其边缘按压到面团上。

16 将面团旋转90°，从对面一侧将面团边缘弯折过来，适当按压。

※如果此时对面团按压过度，面团的中心部位就容易发酵不足，做出的面包心会较为密实、口感很差。

17 从折叠部分开始将面团卷一下。

※卷面团的时候，用拇指轻轻按压面团，将其卷结实，使卷出的面团较为饱满。

18 面团卷完之后，用掌跟轻轻按压，使面团边缘黏合到面团上。

19 将面团黏合部位向下，3个并排放入模具中。

※放面团的时候要尽量挑选3个形状较为一致的，这样做出的面包更为美观。

最终发酵

20 将面团放入温度为38℃、湿度为75%的发酵箱中发酵70分钟。

※此阶段要对面团充分发酵，直至面团的顶端能够接触到模具边缘为止。

烘 烤

21 用毛刷将蛋液涂满面包表面。

22 将面团放入上火210℃、下火230℃的烤箱中，烤制35分钟。

※将烤好的面包从烤箱中取出之后，要将整个模具从稍高的位置摔下来，这样，面包就很容易与模具分开了。

主食面包边缘变皱

变皱后的
山形面包

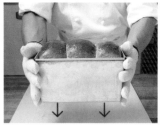

将装有面包的整个模具从较高位置摔下

面包变皱即面包边缘出现纹络

面包变皱是指烤好后的面包向其内侧塌陷而出现小纹络的现象。这种现象尤其在用模具烤制的山形面包和角形面包中比较常见。

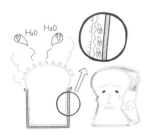

面包变皱的原因

面包变皱的直接原因是面包皮和面包心的软化以及变湿。经高温烤制的面包中心温度能达到95~96℃，而要想将这一温度下降到室温程度需要1个小时。在这期间，面包内部充满的水蒸气通过面包心向四处扩散，这样面包皮就被这部分水蒸气弄湿、软化，在面包的侧面形成凹凸不平的纹络状。

面包变皱的间接原因有①烘烤不足（尤其是侧面）；②面团过软；③相对于模具来说，面团的重量过大；④面团膨胀过度等。

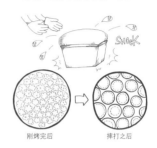

刚烤完后　　　　摔打之后

怎样防止烤好的面包变皱呢?

要想防止烤好的面包变皱，就要在面包刚烤好出炉之后，迅速将其连同模具一起从较高位置摔下，给面包带来一些冲击力，将其快速从模具中取出来。

这样做就使面包在烤制过程中集聚的水蒸气迅速扩散开，水蒸气不集聚在面包里，面包皮就不容易变湿，也就不容易变皱了。

此外，在烘烤过程中，面包心里会形成无数较小的气泡膜，经过震动之后，气泡膜会被震碎，在面包心中形成气泡。

通过以上两点，面包的构造得以强化，能够有效防止面包皮变皱。

硬吐司

　　将含较少油脂的较硬面团放入模具中烤制出的硬面包，作为一种硬质吐司受到许多人的喜爱。

　　烤制出的这种吐司具有较为独特的口感，这也是它受到欢迎的一大理由。

　　这种面包具有一种其他面包所无法比拟的口感和美味，想要体会这种与众不同美味，就亲手来做做试试看吧！

制作方法	直接发酵法	

食材　　准备3kg（11个的分量）

	比例(%)	重量(g)
高筋面	50.0	1500
法式面包专用粉	50.0	1500
食盐	2.0	60
脱脂奶粉	2.0	60
起酥油	2.0	60
即发高活性干酵母	0.6	18
麦芽提取物	0.3	9
水	70.0	2100
合计	176.9	5307

搅拌	自动螺旋式搅拌机 1挡5分钟 2挡5分钟 搅拌完面团的温度 为25℃
发酵	130分钟（90分钟 时拍打） 28~30℃ 75%
分割	230g（模具面团的 比容3.7 请参照P9）
中间醒发	30分钟
成型	球形（在500g的模具 中放入2个面团）
最终发酵	70分钟 32℃ 75%
烘烤	30分钟 上火210℃ 下火230℃ 喷入蒸汽

准备工作
·在模具中涂抹适量起酥油。

硬吐司的横切面

　　面包皮较薄。由于这种面包的配料中油脂较少，面包心中有很多较为粗糙的细长气泡。

搅拌

1 将全部食材放入搅拌机中，用1挡搅拌。

2 搅拌至5分钟时，取出部分面团拉抻，确认其搅拌状态（A）。

※此时，面团中的食材几乎均匀分布，面团具有一定的黏性，但其表面仍很黏糊。

3 将搅拌机调至2挡，搅拌5分钟，确认面团的搅拌状态（B）。

※此时面团虽然还未搅拌均匀，表面有凹凸不平，但能够被拉抻变薄。

4 将面团整理成表面较为饱满的圆鼓状，放入发酵盒中（C）。

※揉和好面团的温度以25℃为最佳。

发酵

5 将发酵盒放入温度为28～30℃、湿度为75%的发酵箱中发酵，发酵时间为90分钟。

※此时面团充分发酵，用手指按压能留下指痕为宜。

拍打

6 对面团整体按压，从左、右分别将面团折叠，然后对面团进行稍低强度拍打（P39）。将拍打后的面团放入发酵盒。

※由于这种面团中加入的食材较少，与其他面团相比膨胀能力较弱，因此要采用稍低强度拍打。拍打时不要将面团中的气体排尽，那样会使面团不容易膨胀起来，导致发酵不充分。

发酵

7 将发酵盒放入发酵箱中，采用同样的发酵条件将面团发酵40分钟（D）。

※此阶段要将面团充分发酵，直至用手指按压面团会留下指痕为止。

分割、滚圆

8 将面团从发酵盒中取出后放到工作台上，分割成230g的小块。

9 将面团轻轻滚圆。

※由于此种面团较硬，滚圆时要轻一点，防止将面团弄碎。

10 将滚圆后的面团摆放到铺有白布的搁板上。

中间醒发

11 将整理好的面团放入发酵箱中，采用同样的发酵条件将面团发酵30分钟。

※在面团开始失去弹性之前，对其充分醒发。

成型

12 用手掌按压面团，排出面团中的气体。

13 将面团滚圆（E）。

※此阶段要将面团充分滚圆，同时也要注意力度的把握，防止面团发生断裂，力度过大也会影响面团之后的发酵过程。

14 将面团底部捏在一起（F）。

15 面团捏合部位向下，将整理好的两个面团放入模具中（G）。

※面团放入模具时要注意，将两个面团整理整齐为宜。

最终发酵

16 将面团放入温度为32℃、湿度为75%的发酵箱中发酵70分钟（H）。

※此阶段要对面团充分发酵，直至模具中的面团能够碰到模具边缘为止。

烘烤

17 将面团放入上火210℃、下火230℃的烤箱中，再喷入蒸汽，烘烤30分钟。

※烘烤结束后，将模具从烤箱中取出，从较高位置将模具连同面包一起摔到工作台上，这样面包就很容易与模具分开了。

法式面包心

Pain de mie

mie在法语中是"心"的意思，这种面包与充分体味面包皮风味的老式面包不同，是一种体味面包心独特风味的面包，经常被称作法国版角形面包。

在美国或日本，主食面包一般是用作吐司涂抹黄油或果酱进行食用的，但法国人则一般会将其用作菜肴吐司，将面包切片夹上各种食材做成三明治等进行食用，吃法不同，但同样美味。

制作方法　直接发酵法

食材　准备3kg（8个的分量）

	比例(%)	重量(g)
高筋面	80.0	2400
法式面包专用粉	20.0	600
砂糖	8.0	240
食盐	2.0	60
脱脂奶粉	4.0	120
黄油	5.0	150
起酥油	5.0	150
鲜酵母	2.5	75
水	70.0	2100
合计	196.5	5895

搅拌	立式搅拌机 1挡3分钟 2挡3分钟 3挡3分钟 加入油脂 2挡2分钟 3挡8分钟 搅拌完面团的温度为26℃
发酵	90分钟（60分钟时拍打）28~30℃ 75%
分割	235g（模具面团的比容3.6 请参照P9）
中间醒发	20分钟
成型	卷状（在750g的模具中放入3个面团）
最终发酵	40分钟 38℃ 75%
烘烤	加盖 35分钟 上火210℃ 下火220℃

准备工作

·在模具和模具盖上涂抹适量起酥油。

法式面包心的横切面

由于面包在烘烤过程中给模具加了盖，烤制出的面包皮较厚。面包心中分布着较为密实的球形细小气泡。

搅拌

1 将除黄油和起酥油之外的全部食材放入搅拌机中，用1挡搅拌。

2 搅拌3分钟后，取出部分面团拉抻，确认其搅拌状态。
※此时的面团表面很黏糊，面团黏性较差，拉抻时很容易断裂。

3 将搅拌机调至2挡，搅拌3分钟，确认面团的搅拌状态。
※此时面团表面虽然仍很黏糊，黏性仍然较差，但面团已被搅拌成一团，拉抻时能够稍微被拉薄。

4 将搅拌机调至3挡，搅拌3分钟，并确认面团的搅拌状态。
※此时，面团的黏性稍微降低，拉抻时能够拉薄，但面团仍有凹凸不平之感。

5 加入黄油和起酥油，用2挡搅拌2分钟，确认面团的搅拌状态。
※由于此时加入了油脂，搅拌后的面团黏性降低，面团变得更加柔软。

6 将搅拌机调至3挡，继续搅拌8分钟，搅拌过程中确认面团的搅拌状态。
※此时，面团不再黏糊，拉抻时能够被拉薄，但仍会有凹凸不平之感。由于此种面包为口感较好的类型，比只添加高筋面的面团搅拌时间要短一些。

7 将面团整理一下，使其表面呈现较为圆鼓的状态，将整理好的面团放入发酵盒中。
※揉和好面团的温度以26℃为最佳。

发酵

8 将发酵盒放入温度为28~30℃、湿度为75%的发酵箱中发酵，发酵时间为60分钟。
※此时面团充分发酵，使其充分膨胀，以用手指按压能留下指痕为宜。

拍打

9 对面团整体按压，从左、右分别将面团折叠，然后对面团进行稍高强度拍打（P39）。将拍打后的面团放入发酵盒。
※为使做出的面包具有较好的口感，要对其进行稍高强度的拍打。

发酵

10 将发酵盒放入与刚才条件相同的发酵箱中，继续醒发30分钟。
※此时面团充分发酵，使其充分膨胀，以用手指按压能留下指痕为宜。

分割、滚圆

11 将发酵好的面团放到工作台上，分割成235g的小块。

滚圆之前　　　　滚圆之后

12 对分割好的面团进行充分滚圆。

13将滚圆后的面团摆到铺有白布的搁板上。

19将面团黏合位置向下，3个面团并排摆到模具中。

※摆放面团的时候注意，要尽量将3个面团摆放整齐，这样做出的面包才更美观。

中间醒发

14将整理好的面团放入发酵箱中，采用同样的发酵条件将面团发酵20分钟。

※在面团开始失去弹性之前，对其充分醒发。

最终发酵

20将面团放入温度为38℃、湿度为75%的发酵箱中发酵40分钟。

※这种面包烘烤时，需要给模具加盖，因此面团的发酵时间不要太长，以面团发酵至模具八成的大小为宜。

成型

15用擀面杖将面团擀一下，排出面团中的气体。

※此时为将面团中的气体排尽，要用擀面杖将面团两面都擀一下。擀完后的面团形状以接近正方形为最佳。

烘烤

21将模具加盖。

16将面团较为平整的一面向下放置，从面团一侧将其折1/3，用掌跟部位将面团边缘按压到面团上。另一侧采用同样的方法弯折1/3，并将其边缘黏在面团上。

※此阶段要尽量将面团整理均匀、平整，这样接下来操作时，才会把面团整理成较为漂亮的卷状。

22将面团放入上火210℃、下火220℃的烤箱中，烤制35分钟。

※烘烤结束后，将模具从烤箱中取出，从较高位置将模具连同面包一起摔到工作台上，这样面包很容易与模具分开了。

17将面团旋转90°，从一侧将面团稍微折一下，并对其轻轻按压，使面团边缘黏在面团上。

※此时对面团边缘按压过度的话，就会影响接下来的面团发酵，使面团中心位置发酵不足，影响面包的口感。

18从弯折部位起将面团卷起来，卷完之后，将面团边缘剩余部位轻轻按压到面团上。

※为使面团表面鼓出，更加饱满，卷的时候要用拇指轻轻将面团收紧，然后再继续卷下去。

全麦面包
Graham bread

在美国，与普通小麦相比，用含有较多纤维素和矿物质的全麦粉做出的面包更加符合人们的健康理念，受到人们的欢迎。这种面包与咸味饼干一起，在1829年由Graham博士率先制作出来。此后，选用全麦粉作为食材的这种面包和咸味饼干因这位伟大的博士而得名（Graham），实则为全麦的意思。

由于全麦粉中的麦麸完全均匀分布于面粉中，因此这种面包的口感与普通面包差距不是很大。

制作方法	直接发酵法	
食材	准备3kg（12个的分量）	

	比例(%)	重量(g)
高筋面	70.0	2100
全麦粉	30.0	900
砂糖	6.0	180
食盐	2.0	60
脱脂奶粉	2.0	60
黄油	3.0	90
起酥油	3.0	90
鲜酵母	2.5	75
水	73.0	2190
合计	191.5	5745
全蛋液		适量

搅拌	立式搅拌机 1挡3分钟 2挡3分钟 3挡5分钟 加入油脂 2挡2分钟 3挡6分钟 4挡1分钟 搅拌完面团的温度为26℃
发酵	90分钟（60分钟时拍打）28～30℃ 75%
分割	450g（模具面团的比容3.8 请参照P9）
中间醒发	20分钟
成型	长方形 （500g大小模具）
最终发酵	50分钟 38℃ 75%
烘烤	涂抹蛋液 30分钟 上火210℃ 下火230℃

准备工作
· 在模具中涂抹适量蛋液。

全麦面包的横切面

由于该种面团的延展性较好，烤制出面包的面包皮较薄。麦麸均匀分布于面包心中，并且有许多较为粗大的气泡，呈现淡褐色。

搅拌

1 将除黄油和起酥油之外的全部食材放入搅拌机中，用1挡搅拌。

2 搅拌3分钟后，取出部分面团拉抻，确认其搅拌状态。
※此时的面团表面很黏糊，面团黏性较差，拉抻时很容易断裂。

3 将搅拌机调至2挡，搅拌3分钟，确认面团的搅拌状态。
※此时面团表面虽然仍很黏糊，黏性仍然较差，拉抻时面团很难被拉薄。

4 将搅拌机调至3挡，搅拌5分钟，并确认面团的搅拌状态。
※此时的面团仍然很黏，但拉抻时能够被稍微拉薄。

5 加入黄油和起酥油，用2挡搅拌2分钟，确认面团的搅拌状态。
※此时由于油脂的加入，搅拌后的面团黏性降低，面团变得更加柔软。

6 将搅拌机调至3挡，继续搅拌6分钟，搅拌过程中确认面团的搅拌状态。
※此时，面团再次黏合在一起，拉抻时面团能够被拉薄，但仍凹凸不平。

7 将搅拌机调至4挡，搅拌1分钟，并确认面团的搅拌状态。
※此时，面团已无凹凸不平，拉抻时能够被拉成很薄。

8 将面团整理一下，使其表面呈现较为圆鼓的状态，将整理好的面团放入发酵盒中。
※揉和好面团的温度以26℃为最佳。

发酵

9 将发酵盒放入温度为28~30℃、湿度为75%的发酵箱中发酵，发酵时间为60分钟。
※此时面团充分发酵，使其充分膨胀，以用手指按压能留下指痕为宜。

拍打

10 对面团整体按压，从左、右分别将面团折叠，然后继续将面团纵向对折，按压，以稍高强度拍打面团（P39）。将拍打后的面团放入发酵盒中。
※为使做出的面包具有较好的口感，要对其进行较大强度的拍打。

发酵

11 将发酵盒放入与刚才条件相同的发酵箱中，继续醒发30分钟。
※此时面团充分发酵，使其充分膨胀，以用手指按压能留下指痕为宜。

分割、滚圆

12 将发酵好的面团放到工作台上，分割成450g的块状。

13对分割好的面团进行充分滚圆。

滚圆之前　　滚圆之后

14将滚圆后的面团摆到铺有白布的搁板上。

中间醒发

15将整理好的面团放入发酵箱中，采用同样的发酵条件将面团发酵20分钟。

※在面团开始失去弹性之前，对其充分醒发。

成　型

16将面团从发酵盒中取出，面团较为平整的一面向下放置，将面团对折，边缘部位捏合到一起。

※为防止对面团用力过大，要轻轻对面团进行对折，使其黏合在一起。

17将面团纵向放置，用擀面杖将面团擀一下，排出面团中的气体。

※此阶段中，为将面团中的气体排尽，要用擀面杖将面团两面都擀一下。

18将面团较为平整的一面向下放置，从面团一侧将其弯折1/3，用掌跟部位将面团边缘按压到面团上。另一侧采用同样的方法弯折1/3，并将其边缘黏在面团上。

19从对面一侧将面团对折，用掌跟部位将面团边缘部位用力按压到一起。

20将面团黏合位置向下放入模具中。

※摆放面团的时候要注意，为防止面团边缘部位发生弯曲，应将面团黏合部位整理至中间部位。

最终发酵

21将面团放入温度为38℃、湿度为75%的发酵箱中发酵50分钟。

※此阶段要对面团充分发酵，发酵至面团膨胀到模具边缘为止。

烘　烤

22用毛刷将全蛋液涂满面团表层。

23将面团放入上火210℃、下火230℃的烤箱中，烤制30分钟。

※烘烤结束后，将模具从烤箱中取出，从较高位置将模具连同面包一起摔到工作台上，这样面包很容易与模具分开了。

核桃仁全麦面包
Walnuts bread

　　在欧美国家，核桃是经常用于加入面包中的坚果之一。与其他坚果类相比，核桃的油分含量更高，更加柔软，加到面粉中后，与面团的特性较为吻合，较易融入面团中。

　　烘烤较大的核桃仁全麦面包能将核桃仁的美味充分烘托出来，让人看上去就很有食欲。

制作方法　　直接发酵法

食材　　准备3kg（13个的分量）

	比例(%)	重量(g)
高筋面	90.0	2700
全麦粉	10.0	300
砂糖	5.0	150
食盐	2.0	60
脱脂奶粉	3.0	90
黄油	5.0	150
起酥油	5.0	150
鲜酵母	2.5	75
水	72.0	2160
核桃仁	25.0	750
合计	219.5	6585
全蛋液		适量

搅拌	立式搅拌机 1挡3分钟　2挡3分钟 3挡4分钟 加入油脂 2挡2分钟　3挡6分钟 加入核桃仁 2挡1分钟 搅拌完的温度为26℃
发酵	90分钟（60分钟时拍打） 28~30℃ 75%
分割	500g（模具面团的比容3.4 请参照P9）
中间醒发	20分钟
成型	长方形（500g大小的模具）
最终发酵	60分钟 38℃ 75%
烘烤	涂抹蛋液 30分钟 上火210℃ 下火230℃

准备工作

・将核桃仁放入烤箱中烤一下，然后切成5mm大小的小块。

・将模具涂抹适量起酥油。

核桃仁全麦面包的横切面

　　由于面包在烘烤的时候没有加盖，面包上部靠近烤箱壁，使上部的面包皮较厚。烘烤时，从核桃仁中会渗出油分，因此面包心中的气孔较大。在核桃皮中鞣酸的作用下，面包整体呈现淡淡的红褐色。

搅拌

1将除黄油、起酥油和核桃仁之外的全部食材放入搅拌机中，用1挡搅拌。

2搅拌3分钟后，取出部分面团拉抻，确认其搅拌状态。
※此时的面团表面很黏糊，面团黏性较差，拉抻时很容易断裂。

3将搅拌机调至2挡，搅拌3分钟，确认面团的搅拌状态。
※此时面团表面虽然仍很黏糊，但已经具备一定的黏性，拉抻时面团很难被拉薄。

4将搅拌机调至3挡，搅拌4分钟，确认面团的搅拌状态（A）。
※此时，面团仍然很黏，但已被搅拌成一团。拉抻时能够被稍微拉薄，但面团表面有凹凸不平。

5加入黄油和起酥油，用2挡搅拌2分钟，确认面团的搅拌状态（B）。
※由于此时加入了油脂，搅拌后的面团黏性降低，面团变得更加柔软。

6将搅拌机调至3挡，继续搅拌6分钟，搅拌过程中确认面团的搅拌状态（C）。
※此时的面团不再黏糊，拉抻时面团能够被拉薄，但仍凹凸不平。

7加入处理好的核桃仁，搅拌机调至2挡将其混合均匀。
※搅拌至核桃仁均匀分布于面团中时，就可以停止搅拌过程了。

8将面团整理一下，使其表面呈现较为圆鼓的状态，将整理好的面团放入发酵盒中（D）。
※揉和好面团的温度以26℃为最佳。

发酵

9将发酵盒放入温度为28~30℃、湿度为75%的发酵箱中发酵，发酵时间为60分钟。
※此时面团充分发酵，使其充分膨胀，以手指按压能留下指痕为宜。

拍打

10对面团整体按压，从左、右分别将面团折叠，然后继续将面团纵向对折，按压，以稍高强度拍打面团（P39）。将拍打后的面团放入发酵盒中。
※为使做出的面包具有较好的口感，要对其进行较大强度的拍打。

发酵

11将发酵盒放入与刚才条件相同的发酵箱中，继续醒发30分钟（E）。
※此时面团充分发酵，使其充分膨胀，以用手指压能留下指痕为宜。

分割、滚圆

12将发酵好的面团放到工作台上，分割成500g的块状。

13将分割好的面团充分滚圆。
※由于面团中加入了核桃仁，滚圆操作时要防止面团表面破裂。

14将滚圆后的面团摆到铺有白布的搁板上。

中间醒发

15将整理好的面团放入发酵箱中，采用同样的发酵条件将面团发酵20分钟。
※在面团开始失去弹性之前，对其充分醒发。

成型

16将面团从发酵盒中取出，面团较为平整的一面向下放置，将面团对折，边缘部位捏合在一起。
※为防止对面团用力过大，要轻轻将面团对折，使其黏合在一起。

17将面团纵向放置，用擀面杖将面团擀一下，排出面团中的气体。
※此阶段为，为将面团中的气体排尽，要用擀面杖将面团两面都擀一下。

18将面团较为平整的一面向下放置，从面团一侧将其弯折1/3，用掌跟部位将面团边缘按压到面团上。另一侧采用同样的方法弯折1/3，并将其边缘黏在面团上。

19从对面一侧将面团对折，用掌跟部位将面团边缘部位用力按压到一起。

20将面团黏合位置向下放入模具中。
※摆放面团的时候要注意，为防止面团边缘部位发生弯曲，要将面团黏合部位整理至中间位置。

最终发酵

21将面团放入温度为38℃、湿度为75%的发酵箱中发酵60分钟。
※此阶段要对面团充分发酵，发酵至面团膨胀到模具边缘为止。

烘烤

22用毛刷将全蛋液涂满面团表层（F）。将面团放入上火210℃、下火230℃的烤箱中，烤制30分钟。
※烘烤结束后，将模具从烤箱中取出，从较高位置将模具连同面包一起摔到工作台上，这样面包很容易就与模具分开了。

白面包和多种口味面包

在美国，人们将用主食面包模具烤制出的面包叫做pan bread和loaf bread。Pan是"模具"的意思，loaf是"面包块"的意思，两者都是指将整理成较粗、较短的棒状面团放入长方形模具中烤制出的面包种类。一般情况下，烤制之前的面团重1~2磅（1磅约为454g）。其中，面包心为白色的主食面包因其颜色单一的被称作白色面包。

与白色面包相对，加入各种杂粮、坚果、干果类等辅料的面团被称作多种口味面包。一般情况下，多种口味面包是白面包的变化形式，是加入各种辅料后赋予白面包多种变化的面包种类。

葡萄干面包

Raisin bread

毫不夸张地说，葡萄干面包是多种口味面包之王。在含有多种油脂的面团中加入大量葡萄干，对面团进行充分揉和后制成的葡萄干面包受到了美国人和日本人的喜爱。

将葡萄干与黄油搭配在一起，口感独特，建议可适当多加些黄油。将烤制好的面包做成吐司，更能凸显出葡萄干酸甜的口感。

制作方法	间接发酵法（中种法）	
食材	准备3kg（14个的分量）	
	比例(%)	重量(g)
●中种面团		
高筋面	70.0	2100
鲜酵母	2.5	75
水	42.0	1260
●主面团		
高筋面	30.0	900
砂糖	8.0	240
食盐	2.0	60
脱脂奶粉	2.0	60
黄油	6.0	180
起酥油	4.0	120
蛋黄	5.0	150
水	24.0	720
加利福尼亚葡萄干	50.0	1500
合计	245.5	7365
全蛋液		适量

中种面团的搅拌	立式搅拌机 1挡3分钟 2挡2分钟 搅拌完温度为25℃
发酵	120分钟 25℃ 75%
主面团的搅拌	立式搅拌机 1挡3分钟 2挡3分钟 3挡4分钟 加入油脂 2挡2分钟 3挡8分钟 4挡1分钟 加入葡萄干 2挡1分钟 搅拌完温度为30℃
发酵 （初次发酵）	30分钟 28~30℃ 75%
分割	500g（模具面团的比容3.4请参照P9）
中间醒发	20分钟
成型	长方体 （500g大小模具）
最终发酵	60分钟 38℃ 75%
烘烤	涂抹蛋液 30分钟 上火190℃ 下火200℃

准备工作
·将模具涂抹适量起酥油。
·将美国加利福尼亚葡萄干用温水洗一下，用笊篱捞出后沥干备用。

中种面团的搅拌

1将中种面团所需食材全部倒入搅拌机中，用1挡搅拌3分钟。

※此时以将面团中全部食材混合均匀为宜。面团的黏性较差，轻轻一拉，面团就会断裂。

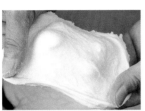

2将搅拌机调至2挡，搅拌2分钟，确认面团的搅拌状态。

※此时，面团中全部食材已混合均匀，面团被搅拌成一团。由于此种面团的质地较硬，面团不易被拉抻。

3将面团整理平整、表面圆鼓之后，放入发酵盒中。

※由于面团较硬，需要将面团移至工作台上整理。

※揉和好面团的温度以25℃为最佳。

发 酵

4将发酵盒放入温度为25℃、湿度为75%的发酵箱中发酵，发酵时间为120分钟。

※此时面团充分发酵，直至其充分膨胀。

主面团的搅拌

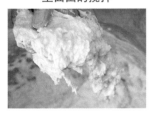

5将除黄油、起酥油和葡萄干之外主面团所需的全部食材以及步骤4中发酵好的种面团放入搅拌机中，用1挡搅拌3分钟。搅拌过程中，取部分面团拉抻，确认其搅拌状态。

※此时，面团中的全部食材仍未混合均匀，面团表面黏糊糊的，几乎不具有黏性。

6将搅拌机调整至2挡，搅拌3分钟，搅拌过程中确认面团的搅拌状态。

※此时面团中的食材几乎被搅拌均匀，但面团的黏性较差，拉抻时很容易发生破裂。

7将搅拌机调至3挡，搅拌4分钟，确认面团的搅拌状态。

※此时的面团不再那么黏糊，面团黏性增强，能够被拉抻，但表面仍凹凸不平。

8加入黄油和起酥油。将搅拌机调至2挡，搅拌2分钟，确认面团的搅拌状态。

※由于油脂的加入，面团的黏性变差，面团变得更加柔软。

9搅拌机调至3挡，搅拌8分钟，确认面团的搅拌状态。

※此时，面团再次黏合到一起，面团表面也没有那么黏糊。拉抻时，面团表面仍凹凸不平。

10搅拌机调至4挡，搅拌1分钟，确认面团的搅拌状态。

※此时，面团能够被拉伸得更薄。

11加入洗净后的美国加利福尼亚葡萄干，用2挡搅拌。

※搅拌至葡萄干均匀分布时就可以停止搅拌。

12将面团整理一下，使其表面呈现较为圆鼓的状态，将整理好的面团放入发酵盒中。

※揉和好面团的温度以30℃为最佳。

发酵（初次发酵）

13 将发酵盒放入温度为28～30℃、湿度为75%的发酵箱中发酵，发酵时间为30分钟。
※此时面团充分发酵，以用手指按压会留下指痕为宜。

分割、滚圆

滚圆之前　　滚圆之后

14 将发酵好的面团放到工作台上，分割成500g的块状，并对面团充分滚圆。

15 将面团摆到铺有白布的搁板上。

中间醒发

16 将整理好的面团放入发酵箱中，采用同样的发酵条件将面团发酵20分钟。
※在面团开始失去弹性之前，对其充分醒发。

成型

17 将面团平整的一面向下放置，对折后边缘位置黏合在一起。将面团纵向放置，用擀面杖将面团擀一下，排出面团中的气体。
※此阶段中为防止面团韧性太大，要先将其对折，然后再排气。
※为将面团中的气体排尽，要用擀面杖将面团两面都擀一下。

18 将面团较为平整的一面向下放置，从一侧将面团弯折1/3，对面团边缘部位按压，使其黏到面团上，另一侧采用同样的方法也弯折1/3，对面团边缘位置适当按压。

19 从一侧将面团对折，用手掌部位将面团边缘位置黏合到一起。
※此时要注意，葡萄干露在外面容易烤糊，因此要尽量将露在外面的葡萄干整理到面团里面。

20 将面团黏合部位向下放入模具中。

最终发酵

21 将面团放入温度为38℃、湿度为75%的发酵箱中发酵60分钟。
※此阶段中要对面团充分发酵，直至面团膨胀至模具边缘。

烘烤

22 用毛刷将蛋液涂满面团表面。将面团放入上火190℃、下火200℃的烤箱中，再喷入蒸汽，烘烤30分钟。
※烘烤结束后，将模具从烤箱中取出，从较高位置将模具连同面包一起摔到工作台上，这样面包很容易与模具分开了。

葡萄干面包的横切面

主食面包中加入了较多的鸡蛋和黄油，因此面团会较为柔软，面团延展性较好，烤制出的面包上部面包皮较薄。葡萄干的添加量为面粉重量的50%，面团中添加的葡萄干较多，面包心较为密实，气孔较小。

7

多层面包

牛角面包

Croissant

Croissant在法语中是"新月形"的意思。对于这种面包的诞生地有维也纳和布达佩斯两种传说,相传在17世纪,人们为纪念反抗奥斯曼帝国侵略战争的胜利,模仿敌人旗帜上的新月形图案制成了这种面包。不过,人们最开始制作这种面包时,运用的不是多层面团的制作工艺,后来这种面包传至巴黎,到20世纪时人们改良制作方法,才有了现在的牛角面包。

制作方法 间接发酵法（中种法）

食材 准备1kg（48个的分量）

	比例(%)	重量(g)
法式面包专用粉	100.0	1000
砂糖	10.0	100
食盐	2.0	20
脱脂奶粉	2.0	20
黄油	10.0	100
鲜酵母	3.5	35
鸡蛋	5.0	50
麦芽提取物	0.3	9
水	48.0	480
黄油（折叠时用）	50.0	500
合计	230.5	2305
全蛋液		适量

搅拌	搅拌立式搅拌机 1挡3分钟 3挡2分钟 搅拌完面团的温度 为24℃
发酵	45分钟 25℃ 75%
冷藏发酵	18小时（±3小时） 5℃
折叠	折叠3层×3次 （每次醒发30分钟） −20℃
成型	参照制作方法
最终发酵	60~70分钟 30℃ 70%
烘烤	涂抹蛋液 15分钟 上火235℃ 下火180℃

牛角面包的横切面

　　由于面包是将3层经过折叠的面团卷制而成，能够看到面包心中有等间距的旋涡状。面包心中几乎看不到海绵状的气泡，面包皮与面包心的差别不是很大，这就是此款面包的最大特点。

搅拌

1将除折叠面团时用到的黄油以外的全部食材倒入搅拌机中混合均匀，用搅拌机1挡搅拌。

2搅拌3分钟后，取出部分面团拉抻，确认其搅拌状态。
※此时，以各种食材均匀分布于面团中为宜。面团的黏性较差，表面黏糊糊，慢慢拉抻时，面团很容易断裂。

3将搅拌机调至3挡，搅拌2分钟，确认面团的搅拌状态。
※搅拌至面团中的各种食材均匀分布，面团成一个整体为宜。此时，面团表面没有那么黏糊，面团较硬，不易拉抻。

4将面团整理成表面较为饱满的圆鼓状，放入发酵盒中。
※由于此种面团较硬，为方便操作，可将其放置于工作台上进行整理。
※揉和好面团的温度以24℃为最佳。

发酵

5将发酵盒放入温度为25℃、湿度为75%的发酵箱中发酵，发酵时间为45分钟。
※揉和好面团的温度较低，面团的发酵时间也较短，因此发酵后的面团不会膨胀得很厉害。

冷藏发酵

6将发酵好的面团取出后置于工作台上，对面团轻轻按压之后，用塑料薄膜包裹起来。面团的厚度要保持一致。

7将包好的面团放入温度为5℃的冰箱中发酵18小时。

※一般来说，发酵时间为18小时，但可根据实际情况调整，以15~21小时为宜。

折叠

8将折叠面团用的冰冻黄油放到工作台上，一边撒上适量干面粉一边用擀面杖敲打黄油，调整黄油的软硬度，将其整理成正方形。（P171"多层面包用黄油的成型"）

※成型操作时，要将黄油整理成宽度为30cm左右的方形。一般是按照大约22cm的标准进行整理。

9将面团放到工作台上，用擀面杖按照十字的形状将面团中间位置擀一下。

※先将面团中间1/3的位置用擀面杖擀一下，然后将面团旋转90°，同样在其中间1/3的位置擀一下。

10面团剩余的四角按照从中间到四周、倾斜45°的方向用擀面杖擀成正方形。

※要将面团擀成比黄油块稍大的方形。

11将黄油与面团错开45°叠放在一起。

12将面团多余部分稍微拉抻一下后折叠到黄油上，面团重叠在黄油上后轻轻按压，使其黏在上面。其余三角也按照同样的方法折叠、捏合到一起。

13将面团边缘位置充分捏合到一起，将黄油完全包裹起来。

※必要时可用擀面杖将面团擀一下，擀到能够放到压面机中的厚度。

14将面团放到压面机中，压成宽度为25cm、厚度为6~7mm的薄片状。

※此时的黄油过硬，在压制过程中容易断裂，面团中的黄油会分布不均匀。黄油过软又容易与面团融合到一起，压制好的面片不易分层。

15将面片折叠成3层，用塑料薄膜将面团包裹起来。包好的面团放入－20℃的冰箱中低温醒发30分钟。

※折叠面团的时候要注意，应将其边角部位折叠整齐。

16将面团刚才拉抻的方向旋转90°，用压面机将面团再次压一下。

17再次将面团压成6~7mm厚的薄片，将面团折叠成3层。用塑料薄膜将面团包裹起来，将其再次放入－20℃的冰箱中低温醒发30分钟。

18将步骤16和17重复一次。

※将面团经过3次折叠压制之后，最后一次压制、折叠好的面团长度大约为28cm。

成型

19 按步骤18中与面团延伸方向相垂直的方向将面团放入压面机中压一下，将面团压成宽约30cm、厚约3mm的薄片状。
※如果在压制过程中面团太软而不易操作时，可以将面团用塑料袋包裹住，放入－20℃的冰箱中冷却一下，再进行下面的操作。

20 将压薄的面团放到工作台上，从一端开始将面片提拉起来，使其伸展开。
※这是为了防止在切面片的时候面片会收缩而进行的操作。

21 用刀将宽为30cm的面片整理整齐后，将面片对折，折出折痕后将其切成宽15cm的薄片状。
※为使成型后的面团能够呈现较为美观的层次感，每个边都要用菜刀切整齐。如果前后来回挪动菜刀进行切割，切出的面片层次会较乱，所以，切的时候一定要从上往下一次性切整齐。

22 将切好的两大块面片重合在一起，在面团远离身体的一侧划出10cm的等距离间距。靠近身体的一侧与刚才一侧错开5cm距离，划出10cm的等距离间距。

23 将远离身体一侧的划痕与靠近身体一侧的划痕连在一起，将大面片切成等腰三角形的小面片。
※如果在切的时候菜刀前后移动，切出的面片会不整齐，会影响做出面包的美观程度，因此，一定要从上向下一次性切下去。

24 切好后将折叠在一起的面片分开，将面片的三角形底边置于远离身体的一侧，将面片向外侧轻轻拉抻。

25 从远离身体一侧将面片折叠一小块，并将其轻轻按压到面片上。

26 用双手将面片向身体一侧卷去。
※卷面片的时候要注意，如果手碰到面片边缘的话，面片的层次感容易被破坏，因此要尽量少碰面片边缘位置。卷得太松，面包的造型就不会太美观。

27 将面片卷完的一侧向下摆在烤盘上。

最终发酵

28 将整好形状的面团放于温度为30℃、湿度为70%的发酵箱中发酵，发酵时间为60～70分钟。
※发酵时如果温度过高，黄油就会慢慢融化，最后烤制出的面包就会油腻腻的。

烘烤

29 用毛刷将蛋液涂涂满面团表面。
※涂的时候注意不要将面团的层次感弄乱，要将刷毛与面团卷曲的方向垂直进行移动。

30 将面团放入上火235℃、下火180℃的烤箱中，再喷入蒸汽，烘烤15分钟。

法式巧克力面包

Pain au chocolat

　　折叠的多层面团加上甜美巧克力烤制出的面包，是法国为数不多使用巧克力制作出的夹心面包。薄脆的面包表皮加上融化得恰到好处的巧克力，甘甜之中不乏些许的苦涩，这种绝妙的平衡简直美极了。

　　这种面包在法国很受欢迎。不管是在各式面包店、咖啡厅还是火车站、高速公路的服务区，巧克力面包都是热卖的人气商品。

制作方法	间接发酵法（中种法）	
食材	准备1kg（45个的分量）	
请参照P167的食材配料表。		
巧克力（6cm×3cm）		45块
全蛋液		若干

搅拌	折叠与牛角面包一样，请参照P167的操作方法
成型	参照制作方法
最终发酵	60～70分钟 30℃ 70%
烘烤	涂抹蛋液 15分钟 上火235℃ 下火180℃

法式巧克力面包的横切面

　　虽然选用与牛角面包相同的面团，但巧克力面包没有将面团转动很多圈，而是用面团将巧克力包住一圈，因此，面包每一层之间的空隙较大，面包的密度较小。

搅拌~折叠

1 具体操作方法与牛角面包一样，请参照牛角面包的制作步骤1~18（P167）。

成型

2 将折叠3次后放入冰箱中低温醒发的面团用擀面杖擀成宽31cm（A）。

※擀的时候注意要顺着刚才整理面团的长度方向擀。

3 将面团刚才拉抻的方向旋转90°，用压面机将面团压成宽33cm、厚4mm的薄片状（B）。

※如果在压制过程中面团太软而不易操作时，可以将面团用塑料袋包裹住，放入－20℃的冰箱中冷却一下，再进行下面的操作。

4 将面片放到工作台上，从一端开始将面片提拉起来，使其伸展开。

※这是为了防止在切面片的时候面片会收缩而进行的操作。

5 用刀将面片切成11cm×8cm的长方形（C）。

※由于压薄后的面片宽度为33cm，切割的时候可以将面片切成3等份，每一块的宽度均为11cm。切的时候要注意，如果在切的时候拿刀来回移动，切的面片边缘会不整齐，会影响最后做出面包的美观程度，因此，切的时候要从上向下进行，注意技巧的把握。

6 将巧克力夹心放到面团中间位置，将面团两侧边缘搭在一起包裹巧克力，包裹时两侧面团会有1.5cm的重合，要将面团重合部分轻轻按压，使其黏合到一起（D）。

※包裹夹心的时候要注意，如果面团重叠位置较小，面包在烘烤过程中，面团捏合部位容易裂开，巧克力就会暴露在外面，影响口感和美观，在面包的成型过程中要注意这一点。

7 将面团重合部位向下摆放于烤盘上（E），从上面将面团稍微按压一下（F）。

最终发酵

8 将整好形状的面包放于温度为30℃、湿度为70%的发酵箱中发酵，发酵时间为60~70分钟（G）。

※发酵时如果温度过高，黄油就会慢慢融化，最后烤制出的面包就会油腻腻的。

烘烤

9 用毛刷将蛋液涂满面团表面（H）。

10 将面团放入上火235℃、下火180℃的烤箱中，再喷入蒸汽，烘烤15分钟。

A

B

C

D

E

F

G

H

多层面包用黄油的成型

1 将黄油从冰箱中取出后置于工作台上，边撒上适量干面粉，边用擀面杖拍打。

2 将整块黄油用擀面杖敲打均匀。

3 当黄油被敲打至一定程度时，将其卷起来折叠一下。

4 多次重复步骤2、3中的操作，将黄油整理至较为柔软状态。

5 当黄油被整理至较为柔软状态时，将其敲打、伸展成较为平整的正方形。

6 用毛刷将黄油表面的浮粉扫干净。

※对黄油拍打、整理操作时动作要快些，防止黄油在操作过程中融化。

※此时，将面团整理成表面和内部相同的硬度为宜，这样，操作时黄油就不会发生断裂。黄油过硬，就不易被伸展，在弯折过程中黄油容易发生断裂；黄油过软，在整理过程中会融化到面团层里，最后做出的面包就不易分层，影响面包的口感和外观。

丹麦油酥点心面包

Danish

这种面包在美国被叫做丹麦油酥点心，这一叫法之后传至日本并被广为使用起来。丹麦油酥点心最初是由维也纳传至欧洲各国，后在丹麦确立了最终制作方法并在欧洲各地重新流行起来。现在人们经常食用的这种有很多层的油酥点心与牛角面包一样，是在20世纪初改良后制作出来的。

制作方法 直接发酵法

食材 准备1kg（4种×各12个的分量）

	比例（%）	重量（g）
法式面包专用粉	100.0	1000
砂糖	10.0	100
食盐	1.8	18
脱脂奶粉	4.0	40
小豆蔻（粉末）	0.1	1
黄油	8.0	80
鲜酵母	5.0	50
鸡蛋	10.0	100
水	43.0	430
黄油（折叠时用）	70.0	700
合计	251.9	2519
杏仁奶油（P176）		800g
杏肉（半个、罐头）		24块
洋梨（半个、罐头）		8大块
欧洲酸樱桃蜜饯（P176）		800g
菠萝（罐头）		12块
全蛋液		适量
煮制杏肉果酱（P176）、粉砂糖		若干

搅拌	立式搅拌机 1挡3分钟 3挡2分钟 搅拌完面团的温度为24℃
冷藏发酵	18小时（±3小时） 5℃
折叠	折叠3层×3次 （每次醒发30分钟） −20℃
成型	参照制作方法
最终发酵	40分钟 30℃ 70%
烘烤	面包表面涂抹蛋液 放上奶油、水果等 15钟 上火235℃ 下火180℃
完成	涂抹杏肉果酱

准备工作

· 将杏肉、洋梨、菠萝去除汁液。

搅 拌

1 将除折叠面团时用到的黄油以外的全部食材倒入搅拌机中，用1挡搅拌3分钟。搅拌过程中取出适量面团，确认其搅拌状态。

※以各种食材均匀分布在面团中为宜。此时，面团的黏性较差，表面黏糊，慢慢拉抻时，面团很容易断裂。

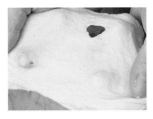

2 将搅拌机调至3挡，搅拌2分钟，确认面团的搅拌状态。

※搅拌至面团中的各种食材均匀分布，面团成一团为宜。此时，面团表面没有那么黏糊，面团较硬，不易拉抻。

3 将面团整理成表面较为饱满的圆鼓状，放入发酵盒中。

※由于此种面团较硬，为方便操作，可将其放置于工作台上整理。

※揉和好面团的温度以24℃为最佳。

冷藏发酵

4 将面团放入温度为5℃的冰箱中发酵18小时。

※由于此款点心注重的是较为酥脆的口感，面团搅拌之后要立即冷藏发酵。

※一般来说，发酵时间为18小时，但可根据实际情况调整，以15~21小时为宜。

折 叠

5 将折叠面团用的冰冻黄油放到工作台上，一边撒上适量干面粉一边用擀面杖敲打黄油，调整黄油的软硬度，并将其整理成正方形。（P171"多层面包用黄油的成型"）。

※进行成型操作时要将黄油整理成宽度为24cm左右的方形。

6 将面团用擀面杖擀一下，擀成比黄油块更大的正方形。将黄油与面团错开45° 后叠放在一起，用面团将黄油完全包裹起来。

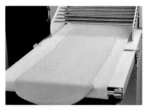

7将面团放到压面机中压成宽度30cm、厚度6~7mm的薄片。将压薄的面片折叠成3层，用塑料薄膜将面团包裹起来。包好的面团放入一20℃的冰箱中低温醒发30分钟。

8重复2次步骤7中的操作。
※此时注意要不断改变面团的伸展方向，每次将面团旋转90°之后再压制。

成 型

9将折叠成3层的面团放入冰箱中进行低温醒发，醒发之后用擀面杖将面团擀成34cm的长度。
※擀面团的时候注意要沿着最后折叠的方向将面团擀一下。

10将步骤9中擀制的面团旋转90°，置于压面机中压一下，将面团压成宽36cm、厚3mm的片状。
※操作过程中面团太软不易操作时，要将面团用塑料薄膜包一下，置于温度为－20℃的冰箱中冷却、硬化一下。

11将压薄的面团放到工作台上，从一端开始将面片提拉起来，将其伸展开。
※这是为了防止在切面片的时候面片会收缩而进行的操作。

12用刀将面片切成边长为9cm的正方形。
※由于面片的宽度为36cm，进行切割时可按其宽度4等分，这样整块面片就被分成4块条状了。然后将几块面片重叠在一起切割成小块，较为省时省力。
※如果在切的时候刀来回移动，切出的面片层次会较乱，切的时候一定要从上往下将其整个切整齐。

13将面团整理成如图形状（请参照P175）。
※图中为欧洲酸樱桃蜜饯用面托的形状。

14将整理好形状的面托摆放到烤盘里。

最终发酵

15将整好形状的面托放于温度为30℃、湿度为70%的发酵箱中发酵，发酵时间为40分钟。
※发酵时如果温度过高，黄油就会慢慢融化，最后烤制出的面包也会油腻腻的。

烘 烤

16欧洲酸樱桃蜜饯：用毛刷在面托表面涂抹上适量全蛋液，杏仁奶油置于面托上（右），然后将欧洲酸樱桃蜜饯置于奶油上（左）。

17杏肉：用毛刷在面托表面涂抹上适量全蛋液，杏仁奶油置于面托上（右），然后将杏肉置于奶油上（左）。

18菠萝果肉：用毛刷在面托表面涂抹上适量全蛋液，杏仁奶油置于面托上（右），然后将菠萝果肉四等置于奶油上（左）。

19 洋梨果肉：用毛刷在面托表面涂抹上适量全蛋液，杏仁奶油置于面托上（右），然后将洋梨果肉切成薄片置于奶油上（左）。

完 成

21 待烘烤的点心冷却之后用毛刷涂抹上适量杏肉果酱，根据个人喜好还可以撒上适量粉砂糖。

※果酱一定要煮好之后趁热食用。

20 将面团放入上火235℃、下火180℃的烤箱中，再喷入蒸汽，烘烤15分钟。

油酥点心面托的成型

杏肉用面托

沿图中虚线位置将面团对折，面团边缘重合位置用力按压在一起。

洋梨用面托

沿图中虚线位置将面团对折，面团边缘重合位置用力按压在一起。

欧洲酸樱桃蜜饯用面托

将图中标红的部位切开。外部标注○的位置与内部标注○的位置重合在一起，将虚线位置折叠起来。标有●的位置也采用同样的操作方法。将标有▲的部分用力按压到一起。

菠萝果肉用面托

将图中标红的部位切开。外部标注○的位置与内部标注○的位置重合在一起，将虚线位置折叠起来。标有●的位置也采用同样的操作方法。将标有▲的部分用力按压到一起。

油酥点心用杏仁奶油
食材（800g的分量）

蛋黄	65g
蛋白	95g
杏仁粉	200g
低筋面	40g
黄油	200g
砂糖	200g

1 将蛋黄和蛋白混合在一起搅拌。

2 将杏仁粉和筛过的低筋面混合到一起。

3 将在室温中进行融化的黄油置于碗中，用打蛋器搅拌至柔软、光滑为止。

4 将砂糖分多次加到步骤3的食材中，搅拌均匀。

5 将步骤1和步骤2中搅拌均匀的食材交替加入步骤4的食材中，将全部食材搅拌均匀。

欧洲酸樱桃蜜饯
食材（800g的分量）

欧洲酸樱桃（罐头）	500g
罐头汁	250g
砂糖	65g
玉米淀粉	25g

1 将适量的欧洲酸樱桃罐头汁、砂糖和玉米淀粉倒入锅中，将食材混合一下。

2 对步骤1中倒入食材的小锅进行加热，至食材沸腾为止。

3 搅拌至锅中食材呈现透明状、具有一定的黏稠感时，加入适量欧洲酸樱桃再稍微煮一会儿。

4 加热至欧洲酸樱桃到一定温度后，从火上取下，将锅中蜜饯倒入平底盘中进行冷却。
※煮制过程中如果蜜饯太稀，加热时会溢出来，要注意这一问题。

杏肉果酱的煮制
食材

杏肉果酱	适量
水	果酱的1/10

向锅中加入适量杏肉果酱和清水，边加热边搅拌，将果酱煮好。
※煮果酱的火候以将果酱置于不锈钢餐盘等上面冷却后果酱不易掉落、不黏手为宜。煮制不充分时，冷却至常温后果酱不会呈果冻状，不易凝固，将其涂抹于面托之上时，果酱也不会残留于杏仁奶油表面，因此，煮的时候要注意火候的把握。

油炸面包

面包圈

Doughnuts

　　环状面包圈和麻花状面包圈是最具美国特色的炸面包种类。这种面包的原型是olykoek —— 一种用于盛放祭祀用的坚果油炸点心。正如面包英文名字表示的那样，这种面包有两种说法，即"在油炸面包上放上坚果"以及"将圆圆的面团油炸之后很像坚果"。

制作方法　直接发酵法

食材　准备1.5kg（2种×各30个的分量）

	比例（%）	重量（g）
高筋面	70.0	1050.0
低筋面	30.0	450.0
砂糖	12.0	180.0
食盐	1.2	18.0
脱脂奶粉	4.0	60.0
肉豆蔻（粉末）	0.1	1.5
柠檬皮（磨碎）	0.1	1.5
黄油	5.0	75.0
起酥油	7.0	105.0
鲜酵母	4.0	60.0
蛋黄	8.0	120.0
水	47.0	705.0
合计	188.4	2826.0
香草糖、肉桂糖、炸制用油	适量	

奶油的搅拌	黄油、起酥油、砂糖、食盐、肉豆蔻、柠檬皮、蛋黄
搅拌	立式搅拌机 1挡3分钟　2挡3分钟 3挡6分钟 搅拌完面团的温度为28℃
发酵	45分钟　28~30℃ 75%
成型	环形：用模具压一下
最终发酵	环形：30分钟　35℃ 70%
分割	麻花形：40g
中间醒发	麻花形：10分钟
成型	麻花形：棒状→麻花形
最终发酵	麻花形：40分钟 35℃　70%
油炸	3分钟　170℃
烘烤	涂抹香草糖或肉桂糖

环形面包圈的横切面

面包是用擀面杖将面团擀薄后用模具压制而成的，因此面包皮较薄，面包心中的气泡也较大。

麻花状面包圈的横切面

麻花形面包圈是制作环形面包圈时剩余的面团重新滚圆后捏和在一起制作而成的，因此面包中的气泡比环形面包圈的小些，但面包皮比环形面包稍厚些。此外，面团扭转的位置常会出现断层。

奶油的搅拌

1将黄油和起酥油加入固定在桌面上搅拌机中，打蛋器固定到搅拌机上，将油脂类食材搅拌变软。

※如果黄油和起酥油的硬度有差别时，可以将较硬的一种先放入搅拌机中搅拌，然后再加入另一种继续搅拌。

2将砂糖分多次加到搅拌机中，继续搅拌直至油脂中含有较多的空气。

※搅拌过程中要多次取下打蛋器，去除沾到打蛋器上的油脂，直至其搅拌均匀。搅拌机底部的油脂较难搅拌到，搅拌的时候要注意这一点。

3将食盐、肉豆蔻和柠檬皮加到搅拌机中搅拌。搅拌过程中将蛋黄分数次加到搅拌机中搅拌，直至油脂中混入较多的空气。

4搅拌完成。

※将搅拌好的油脂用打蛋器挑起后，油脂沾在打蛋器上不会轻易掉下来，这样就达到了充分搅拌的目的（P143"搅拌奶油的目的"）。

搅拌

5将剩余食材和步骤4中搅拌好的奶油加到立式搅拌机中，用1挡搅拌3分钟。搅拌过程中取出部分面团，确认面团的搅拌状态。

※由于在搅拌初期就将油脂加到面团里，因此搅拌出的面团十分黏糊，拉抻时面团很容易发生断裂。

6将搅拌机2挡，搅拌3分钟，确认面团的搅拌状态。

※此时的面团虽具有一定的黏性，但表面仍然黏糊糊的。

7 搅拌机调至3挡，搅拌6分钟，确认面团的搅拌状态。
※此时，面团表面的黏糊感逐渐消失，拉抻面团时，面团能够被拉成很薄，但表面仍会凹凸不平。

8 将面团整理一下，使其表面呈现较为圆鼓的状态，将整理好的面团放入发酵盒中。
※揉和好面团的温度以28℃为最佳。

发酵

9 将发酵盒放入温度为28~30℃、湿度为75%的发酵箱中发酵，发酵时间为45分钟。
※此阶段要对面团充分发酵，以用手指按压能留下指痕为宜。

成型——环形面团

10 面板上铺上白布，撒上适量干面粉，将面团放在上面擀成厚2cm的面饼状。将擀好的面团放到与发酵时条件相同的发酵箱中醒发5分钟。
※将放到白布上的面团翻过来，使较为平整的一面向上，用擀面杖将面团擀一下。

11 将面团用直径为8cm的模具压一下。
※将面团用模具按压之后，稍微扭转一下模具，小面就很容易与大面团分开了。

12 在从模具中取出的小面团中间位置用直径为3cm的模具压一下，这样面团就成环状了。
※每一个面团重量为50~55g即可。

13 将整理好的面团摆在网状搁板上。

最终发酵——环状面团

14 将面团放入温度为35℃、湿度为70%的发酵箱中发酵30分钟。
※此时面团充分发酵，直至用手指按压会留下指痕为宜。

分割、滚圆—麻花状面团

15 将压制环形面团时剩余的面团分成40g的小块。
※切分的时候要注意，尽量将面团切成较大的块状。

16 用较大的面团将较小面团包裹住，面团较为平整的一面向上放置，将面团置于手掌上滚圆。

17 图中为面团滚圆之前与滚圆之后的状态。

滚圆之前　　滚圆之后

18 将滚圆之后的面团摆放在铺有白布的搁板上。

180

中间醒发——麻花状面团

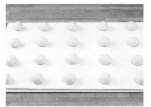

19将面团放入与发酵时条件相同的发酵箱中醒发10分钟。
※至面团失去弹性为止。

成型——麻花状面团

20用手掌按压面团，排出面团中的气体。将面团较为平整的一面向下放置，从一侧将面团弯折1/3，用手掌掌根部位将面团边缘位置按压到面团上。将面团旋转180°，采用同样的方法将面团另一侧弯折1/3，并将面团边缘位置按压到面团上。

21从一侧将面团对折，对面团边缘位置按压，使其黏合在一起。

22一边从上面轻轻按压面团，一边将其转动起来，将面团整理成两端稍细、长为20cm的棒状。

23将面团整理成U形。

24将手掌置于面团之上，对其进行滚动，面团就变成麻花状的了。麻花扭好之后，将面团两端捏合在一起。

25将整理好形状的麻花面团置于网状搁板上。

最终发酵——麻花状面团

26将面团放入温度为35℃、湿度为70%的发酵箱中发酵40分钟。
※发酵过程中湿度过大，面团会发酵过度，表面容易产生气泡，油炸时面团中含有气泡的部分容易膨胀、破裂。

油炸、完成

27环状面包圈：将面包圈在170℃的热油中炸3分钟。
※炸制过程中要反复翻转，将面包圈炸成较为均匀的颜色。

28麻花状面包圈：将面包圈在170℃的热油中炸3分钟。
※炸制过程中要反复翻转，将面包圈炸成较为均匀的颜色。

29炸好之后，将冷却的环状面包圈沾上适量香草糖，麻花状面包圈沾上适量肉桂糖。

从Doughnut到Donut

17世纪中叶，面包圈由荷兰移民传至美国新英格兰和新阿姆斯特丹（现在的纽约）。1809年，著名文豪华盛顿·欧文在其名著《纽约外史》中首次介绍了"Doughnut"。Doughnut一词演变成Donut是始于1920年，一家叫做Square Donut Company of America的公司在8月5日华盛顿邮报刊登出的广告中首次使用了Donut一词。

柏林人面包

Berliner-Krapfen

　　柏林人面包是德国最具代表的油炸面包种类，在美国这种面包被叫做"Jelly- doughnut"。柏林人面包以前主要是用于祭祀，后来成为日常生活中较为常见的面包种类。

　　将面团炸成稍微扁平的球状，中间夹上果酱，撒上适量香草糖，一款美味的柏林人面包就做好了。

制作方法	间接发酵法（Ansatz种面团）	
食材	准备2kg（95个的分量）	

	比例(%)	重量(g)
●种面团		
法式面包专用粉	40.0	800
鲜酵母	3.5	70
牛奶	54.0	1080
●主面团		
法式面包专用粉	60.0	1200
砂糖	10.0	200
食盐	1.2	24
柠檬皮（磨碎）	0.1	2
香草		适量
黄油	5.0	100
起酥油	5.0	100
蛋黄	10.0	200
水	2.0	40
合计	190.8	3816
覆盆子（果酱）		18g/个
香草糖、炸制用油		适量

种面团的搅拌	用打蛋器搅拌 搅拌完温度为26℃
发酵	40分钟 28~30℃ 75%
主面团的搅拌	立式搅拌机 1挡3分钟 2挡3分钟 3挡3分钟 搅拌完温度为28℃
发酵	60分钟 28~30℃ 75%
分割	40g
成型	球形
最终发酵	45分钟（5分钟后 进行适当按压） 35℃ 70%
油炸	4分钟 170℃
完成	挤进果酱 撒上香草糖

柏林人面包的横切面

　　由于成型时将面团整理成球形，面包心中的气泡较大一些，面包皮表面较为紧实，炸好后的面包皮也较薄。

种面团的搅拌

1 将种面团所需全部食材加到搅拌机中，用打蛋器搅拌。

※相对于面粉来说，食材中液体的比例相对高一些，搅拌的时候要注意技巧的把握，将牛奶分多次加入后，面粉就不易变成面疙瘩，更容易搅拌。

2 将食材搅拌至分布均匀后，搅拌就完成了。

※此阶段要对食材充分搅拌，直至面糊中没有干面粉为止。当用打蛋器将面糊挑起时，面糊能呈现较为黏糊的状态，即搅拌完成。

※搅拌好面团的温度以26℃为最佳。

3 图中为中种面团发酵之前的状态。

发 酵

4 将种面团放入温度为28~30℃、湿度为75%的发酵箱中发酵，发酵时间为40分钟。

主面团的搅拌

5 将除水以外主面团所需全部食材和步骤4中发酵好的种面团放入立式搅拌机中，用1挡搅拌。搅拌过程中，可将留出的水加到面团中，对面团的硬度调整。

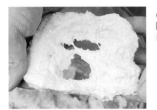

6 搅拌3分钟后，取出部分面团拉抻，确认其搅拌状态。

※由于从一开始就将油脂加到食材中，搅拌的面团较为黏糊，拉抻时很容易断裂。

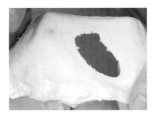

7 搅拌机调至2挡，搅拌3分钟，确认面团的搅拌状态。

※此时，面团的黏性慢慢增强，但面团表面仍很黏糊，拉抻时不会被拉成很薄。

8 搅拌机调至3挡，搅拌3分钟，确认面团的搅拌状态。

※此时，面团的黏稠感消失，拉抻时面团能被拉成很薄，但仍会凹凸不平。

9 将面团整理一下，使其表面呈现较为圆鼓的状态，将整理好的面团放入发酵盒中。

※揉和好面团的温度以28℃为最佳。

发 酵

10 将发酵盒放入温度为28~30℃、湿度为75%的发酵箱中发酵，发酵时间为60分钟。

※此时，要对面团充分发酵，以用手指按压能留下指痕为宜。

分 割

11 将发酵好的面团从发酵盒中取出后放于工作台上，分割成40g的小块。

成 型

滚圆之前　　　滚圆之后

12 用手掌按压面团，排出面团中的多余空气，面团较为平整的一面向上放置，将面团充分滚圆。滚圆之后要将面团底部位置捏合到一起。

※进行成型操作时，要尽量将面团中的气体排尽，将面团整理成较为平整的球形。

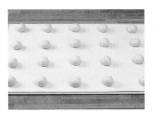

13将面团捏合部位向下摆放于铺有白布的搁板上。

19面包炸好之后要趁热在侧面用筷子插一个小洞。

最终发酵

14将面团放入温度为35℃、湿度为70%的发酵箱中发酵，发酵时间为5分钟。

20将覆盆子果酱放到装有直径5mm裱花嘴的裱花袋中，从刚才插出的小洞中将果酱挤到面包里。
※趁面皮还很热乎、比较柔软时挤入果酱，这样比较容易操作。

15将面团用木板压一下，压成扁平状。
※如果面团太圆，油炸时面团容易上下翻动，十分不稳定，因此要将面团压成圆饼状。

21待面包冷却之后撒上适量香草糖。

16将压好的面团摆放于网状搁板上。

17将面团放入发酵时条件相同的发酵箱中，继续发酵40分钟。
※发酵过度时，面团表面容易产生气泡，油炸时面团中含有气泡的部分容易膨胀、破裂。

什么是Ansatz种面团

在德语中Ansatz是"开始"和"契机"的意思，在点心面包界，人们是把它当作起始面团进行使用的。但是，在制作方法上，Ansatz属于间接发酵法中的液种发酵，是在常温中进行短时间发酵的方法。

一般来说，Ansatz发酵法是将水（或者牛奶）与面粉按照1:1的比例搅拌到一起的，但实际制作过程中每1.0g水可以搭配0.8~1.2g的面粉。另外，发酵时间为30分钟至1小时，与其他面包种类相比发酵时间较短，因此，此种面团中的酵母添加量也要多出6%~8%，发酵时以30℃左右的温度为宜。

油炸

18将面包在170℃的热油中炸4分钟。
※炸制过程中要反复翻转，将面包炸成较为均匀的颜色。

咖喱夹心面包

与点心面包一样，源自日本的咖喱夹心面包也是料理面包的典型代表。这种面包是从日本明治后半期到昭和初期，历经多年演变之后产生的，但最初的发明者是谁却鲜为人知。将咖喱馅用面团包裹起来，裹上面包屑炸制出来的油炸咖喱夹心面包，将时下人们最喜欢的两种元素——咖喱和油炸面包结合起来，深受人们喜爱。这种面包是西式料理与点心的完美结合。

制作方法　直接发酵法

食材　准备2kg（83个的分量）

	比例(%)	重量(g)
高筋面	80.0	1600
低筋面	20.0	400
砂糖	10.0	200
食盐	1.5	30
脱脂奶粉	4.0	80
起酥油	10.0	200
鲜酵母	3.0	60
蛋黄	8.0	160
水	52.0	1040
合计	188.5	3770
咖喱夹心（零售品）		40g/个
面包屑、炸制用油		若干

搅拌	立式搅拌机 1挡3分钟 2挡2分钟 3挡3分钟 油脂 2挡2分钟 3挡4分钟 搅拌完的温度为28℃
发酵	50分钟 28～30℃ 75%
分割	45g
中间醒发	15分钟
成型	请参照制作方法
最终发酵	40分钟 35℃ 70%
油炸	3分钟 170℃

咖喱夹心面包的横切面

面包在炸制过程中面团会急剧膨胀，因此在面包夹心会有空隙出现，这一点是无法避免的。制作出的面包最好是面包夹心上部和下部的面团厚度差不多，这样面包的口感更好些。

搅 拌

1将除起酥油之外的全部食材放入搅拌机中，用1挡搅拌。

2搅拌3分钟后，取出部分面团拉抻，确认其搅拌状态。
※面团表面很黏糊，面团黏性较差，表面较为粗糙。

3将搅拌机调至2挡，搅拌2分钟，确认面团的搅拌状态。
※此时面团表面虽然仍黏糊，但面团的黏性在慢慢增强。

4将搅拌机调至3挡，搅拌3分钟，确认面团的搅拌状态。
※此时，面团的黏性逐渐降低，拉抻时能够被拉薄，但面团仍凹凸不平。

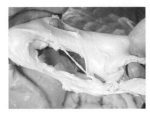

5加入起酥油，用2挡搅拌2分钟，确认面团的搅拌状态。
※此时由于油脂的加入，搅拌后的面团黏性降低，面团变得更加柔软，拉抻时很容易断裂。

6将搅拌机调至3挡，继续搅拌4分钟，搅拌过程中对面团的搅拌状态进行确认。
※拉抻时面团能够被拉薄，但面团表面仍会凹凸不平。

7将面团整理一下，使其表面呈现较为圆鼓的状态，将整理好的面团放入发酵盒中。
※揉和好面团的温度以28℃为最佳。

发 酵

8 将发酵盒放入温度为28～30℃、湿度为75%的发酵箱中发酵，发酵时间为50分钟。
※此时要将面团充分发酵，使其充分膨胀，以用手指按压能留下指痕为宜。

分割、滚圆

9将发酵好的面团放到工作台上，分割成45g的小块。

10将分割好的面团充分滚圆。

滚圆之前　　　　滚圆之后

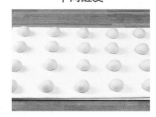

11将滚圆后的面团摆到铺有白布的搁板上。

中间醒发

12将整理好的面团放入发酵箱中，采用同样的发酵条件将面团发酵15分钟。
※在面团开始失去弹性之前，对其充分醒发。

成型

13 用手掌按压面团，排出面团中的气体。

14 将面团较为平整的一面向下放置，压薄的面团置于手心上。用刮铲挑起适量夹心置于面团上。
※放夹心的时候要尽量将其置于面团中间。

15 将手掌弯曲起来，使夹心聚集到面团中间。
※此时要注意，将面团弯曲起来后，要防止夹心黏到面团边缘部位，那样面团会很难黏合到一起。如果加入的夹心过少，可以适量添加，但夹心过多的话，面团容易被撑破，请注意夹心添加量的把握。

16 利用双手的食指和拇指将面团边缘部位捏合到一起。

17 将面团放在工作台上，双手将面团边缘部位用力压到一起。
※此时，如果面团没有黏合好的话，进入最终发酵和油炸阶段时，面团的黏合部位就容易裂开，面包夹心会直接暴露在外。

18 将面团捏合部位向上置于中间位置，从上向下对面团按压，将其整理成较为平整的状态。

19 图中为整理好面团的正面和反面。

20 将整好型的面团在温水中蘸一下，然后将面团表面沾上适量面包屑。

21 将面团黏合部位向下置于网状搁板上。

最终发酵

22 将面团放入温度为35℃、湿度为70%的发酵箱中发酵40分钟。
※此阶段要对面团充分发酵，使其充分膨胀，以用手指按压能留下指痕为宜。

油炸

23 将发酵好的面团置于170℃的热油中炸制3分钟。
※炸制过程中要反复翻转，将面包炸成较为均匀的颜色。

特殊面包

德国碱水扭花面包

Brezel

将面团滚成细条状后做成犹如双手挽在一起的形状，烤制后就成了德国碱水扭花面包。这种面包的德语叫法Brezel源自"手腕"或者"手镯"之意。在德国，各式面包店、酒吧甚至是街边小摊，都能看到这种面包，人们或将它用作下酒菜，或作为点心食用，其人气之高不言而喻。

制作方法　直接发酵法
食材　准备3kg（80个的分量）

	比例(%)	重量(g)
法式面包专用粉	100.0	3000
食盐	2.0	60
脱脂奶粉	2.0	60
起酥油	3.0	90
鲜酵母	2.0	60
水	52.0	1560
合计	161.0	4830
碱水溶液※、粗盐		适量

※将氢氧化钠（苛性纳）溶解在水中制成碱性溶液。制作面包时选用浓度为3%的溶液。由于氢氧化钠属烈性，与溶液一起使用时要按照正确的方法处理。

搅拌	自动螺旋式搅拌机 1挡20分钟 2挡3分钟 搅拌完的温度为26℃
发酵	30分钟 28~30℃ 75%
分割	60g
中间醒发	15分钟
成型	请参照制作方法
最终发酵	30分钟 35℃ 70%
烘烤	冷却10分钟 浸泡在碱水溶液中 划上划痕、撒上粗盐 16分钟 上火230℃ 下火190℃

德国碱水扭花面包的横切面

　　成型后的面包放入碱水中浸泡，然后再放入烤箱中烤制，烤出的面包为褐色，且具有一定的光泽。由于成型时对面包按压，做出的面包心中气泡多为扁平状。

搅 拌

1 将全部食材放入搅拌机中，用1挡搅拌20分钟。

2 搅拌3分钟后确认面团的搅拌状态。
※此时，虽然面包中的食材已均匀分布，但面团仍未被搅拌均匀，面团表面十分粗糙，黏性较差。由于这种面团质地较硬，面团表面不会太黏糊。

3 继续搅拌10分钟后确认面团的搅拌状态。
※此时，面团的黏性开始增强，面团表面变得较为光滑。

4 搅拌20分钟后取出部分面团，对其搅拌状态进行确认。
※此时面团虽已具备一定的黏性，拉抻时能够被拉薄，但不会被拉得很薄，轻轻一拽面团就会断裂。

5 将搅拌机调至2挡，搅拌3分钟，确认面团的搅拌状态。
※虽然面团较硬，但能够被拉抻变薄。

6 将面团整理一下，使其表面呈现较为圆鼓的状态，将整理好的面团放入发酵盒中。
※由于面团质地较硬，要在工作台上对面团进行整理。
※揉和好面团的温度以26℃为最佳。

发酵

7 将发酵盒放入温度为 28～30℃、湿度为75%的发酵箱中发酵，发酵时间为30分钟。

※由于面团的质地较硬、发酵时间也较短，发酵之后的面团不会膨胀太大。此阶段的醒发过程，与其说是在对面团发酵，还不如说是为使面团休整一下，使其慢慢失去弹性。

分割、滚圆

8 将发酵好的面团放到工作台上，分割成60g的小块。

9 将小面团滚圆。

※由于面团质地较硬，可将其放置于工作台上操作。

10 将滚圆后的面团摆到铺有白布的搁板上。

中间醒发

11 将整理好的面团放入发酵箱中，采用同样的发酵条件将面团醒发15分钟。

※由于面团的质地较硬，即使面团已发酵膨胀，但用手指轻轻按压，面团还是会恢复原状的。

成型

12 用压面机将发酵后的面团压成椭圆形（长径15cm×短径10cm）。

※为方便使用压面机操作，在对面团压制之前可以先用手掌将面团压扁，再将其放入压面机中。

※为了减少对面团进行高强度压制，压面机可分别设定3mm和1.5mm，对面团进行两次压制操作。

13 将远离身体一侧的面团稍微卷起，对折后轻轻按压，使其黏到面团上。

14 压住面团弯折的部分，用另一只手捏住面团的另一侧，向身体一侧对面团拉抻。

15 一边从上面按压住面团一边将其向身体一侧卷过来。

※卷的时候注意，要尽量卷得紧些，防止有过多空气进入。

16 多次重复步骤14和15中的操作，将面团全部卷起来，卷出的面卷长度约为20cm。

17 一边从上面对面团按压，一边将其转动起来，从中间向两侧将面团整理成逐渐变细，最后形成长度为55cm的细条状。

※此过程中要一边前后转动面团一边将其向两边拉抻。

18 将面团的两端交叉起来。

19将交叉到一起的面团扭
一次。

20将面团的两端向面团中
间较粗的部位靠拢，并将
其黏到面团上。
※用手指按压面团边缘部位，
使其黏到面团上。

21整理好面团的形状后，将
其摆到铺有白布的搁板上。

最终发酵

22将面团放入温度为35℃、
湿度为70%的发酵箱中发酵
30分钟。
※经过发酵之后，面团的弹力
会变小一些，面团变得松弛
一些，但面团的膨胀程度仍
然很小。

烘 烤

23将发酵后的面团置于温
度为5℃的冰箱中冷却，然
后将冷却后的面团置于调好
的碱水中。
※经过冷却之后，面团变得更加
紧实，不容易变形，方便进行
下面的操作。此外，冷却之后
的面团更容易吸收碱水。
※盛碱水的容器不要使用金属
制品，尽量选用塑料或玻璃
制品的容器。在操作过程中
不仅要防止手接触到碱水溶
液，沾有溶液的物品也不要
直接用手接触。

24将面团整理好形状后放入
烤盘中。

25面团较粗的部位用刀片
划上一条口子，表面撒上
粗盐。
※将刀片垂直切下4~5mm深
即可。

26将面团放入上火230℃、下
火190℃的烤箱中，再喷入蒸
汽，烘烤16分钟。

> 德国碱水面包是面包店的标志
>
> 　　古时候，扭花状标志是悬挂于屋檐下用来
> 驱魔辟邪的。对于这种标志的起源，有着各种
> 不同的说法，但究竟哪一种才是真的，可谓是
> 众说纷纭，但据说这种标志最早可追溯至中世
> 纪的欧洲。时至今日，德国很多面包店门前或
> 屋檐下还会挂有这种标志。虽然我们不知道从
> 什么时候开始扭花状标志成为面包店标志，但
> 每当看到这种标志时，我们就知道这里就是面
> 包店了。

意式面包棒
Grissini

意式面包棒是意大利西北部皮埃蒙特地区一种较为特别的面包种类，面包呈细条状，以其硬脆、清淡的口感为主要特点。相传在17世纪，专业面包师按照医生的建议为体弱多病的塞维亚王子（之后的维托里奥·阿梅迪奥二世）制作出了这种点心，深受王子喜爱。据说这种点心还深受法兰西第一帝国皇帝拿破仑的喜爱。

制作方法　直接发酵法

食材　准备1kg（166个的分量）

	比例(%)	重量(g)
法式面包专用粉	50.0	500
硬粒小麦粉	50.0	500
砂糖	3.5	35
食盐	2.0	20
橄榄油	5.0	50
鲜酵母	3.5	35
水	52.0	520
合计	166.0	1660

搅拌	立式搅拌机 1挡3分钟　2挡6分钟 搅拌完的温度为28℃
发酵	50分钟　28~30℃ 75%
分割	10g
中间醒发	10分钟
成型	棒状（25cm）
最终发酵	30分钟　35℃　70%
烘烤	12分钟 上火210℃ 下火180℃ 喷入蒸汽 ↓ 干烤20分钟 上火200℃ 下火170℃

意式面包棒的横切面

　　如果是直径为1.0~1.5cm的面包棒，可以看到横切面中面包心和面包皮的区别不是很明显，整个面包成为一个整体。面包心中有很多像小洞似的气孔。

搅拌

1 将全部食材放入搅拌机中，用1挡搅拌。

2 搅拌3分钟后，取出部分面团拉抻，确认其搅拌状态（A）。
※此时搅拌机中已经没有干面粉，各种食材均匀分布，但面团仍未被搅拌均匀，表面凹凸不平，面团黏性较差。由于这种面团质地较硬，面团表面不会太黏糊。

3 将搅拌机调至2挡，搅拌6分钟，确认面团的搅拌状态（B）。
※此时面团变得更加光滑，面团被搅拌成一体，但面团的黏性仍然很差。

4 将面团整理一下，使其表面呈现较为圆鼓的状态，将整理好的面团放入碗中（C）。
※揉和好面团的温度以28℃为最佳。

发酵

5 将面团放入温度为28~30℃、湿度为75%的发酵箱中发酵，发酵时间为50分钟（D）。
※此时要将面团充分发酵，使其充分膨胀。

分割、滚圆

6 将发酵好的面团放到工作台上，分割成10g的小块。

7 将小面团放到手上滚圆。
※由于小面团较小、较硬，放到手上滚圆更为方便。

8 将滚圆之后的面团摆放到铺有白布的搁板上。

中间醒发

9 将面团放入与发酵时条件相同的发酵箱中醒发10分钟。
※在面团失去弹性之前要对其充分发酵。

成型

10 用手掌按压面团，排出面团中的气体。

11 将面团较为平整的一面向下放置，从一侧将面团弯折1/3，用手掌掌跟部位将面团边缘按压到面团上。

12 将面团旋转180°，采用同样的方法将另一侧面团弯折1/3，面团边缘用手掌掌跟部位按压到面团上。

13 从一侧将面团对折，将面团边缘位置捏合到一起。

14 一边从上按压面团一边将其转动起来，将面团整理成长25cm的棒状（E）。
※由于面团较硬，进行该步骤时，要将面团放到工作台上按压和转动，这样更容易操作些。

15 将滚细后的面团摆放到烤盘上。

最终发酵

16 将面团放入温度为35℃、湿度为70%的发酵箱中发酵30分钟（G）。
※此时，要对面团充分发酵。发酵不充分时面团的黏合部位容易裂开。

烘烤

17 将面包放入上火210℃、下火180℃的烤箱中，再喷入蒸汽，烤制12分钟。
※经过这一阶段的烤制之后，面包外侧较硬，但中间部位有多余的水分，面包心仍然较软。

18 将经过初步烤制之后的面包从烤盘中取出，稍加整理之后，重新放回烤盘。

19 将面包再次放入上火200℃、下火170℃的烤箱中，干燥烤制20分钟（H）。
※此阶段中，为将面包烤制成上下均匀的干燥状态，烤制过程中要多次将面包上下翻转，使面包的中间部位也得到充分干燥，这样烤出的面包口感才更好。

英式玛芬面包
English muffin

在英国，这种玛芬面包是人们早餐时必不可少的餐点之一。在美国和日本，人们为了将这种面包与玛芬蛋糕相区分，而将其称作英式玛芬面包。就像某个英国人说的那样，"只有用手将面包分成两块，将那撕过之后凹凸不平的面包当做吐司使用，才能体会出玛芬面包的美味之所在。食用的时候一定不要忘记将面包掰开。"

制作方法　直接发酵法

食材　准备3kg（95个的分量）

	比例(%)	重量(g)
法式面包专用粉	100.0	3000
砂糖	2.0	60
食盐	2.0	60
脱脂奶粉	2.0	60
黄油	2.0	60
鲜酵母	2.0	60
水	80.0	2400
合计	190.0	5700
玉米碴		适量

搅拌	自动螺旋式搅拌机 1挡5分钟 2挡3分钟 油脂 1挡3分钟 2挡10分钟 搅拌完的温度为26℃
发酵	80分钟（40分钟时拍打） 28～30℃ 75%
分割	60g
成型	圆形
最终发酵	60分钟 38℃ 75%
烘烤	喷上水雾，撒上玉米碴 模具加盖 18分钟 上火190℃ 下火240℃

准备工作

·将玛芬面包用模具（直径10cm）涂抹适量起酥油，撒上玉米碴。模具的上盖也涂抹适量起酥油。

英式玛芬面包的横切面

由于面包制作时是将圆形面团放入模具中加盖烘烤的，面包皮没有直接受热烘烤，因此面包皮呈现白色、较薄。面包心犹如海绵一样，里面均匀分布着很多细小的气泡。

搅拌

1将除黄油之外的全部食材放入搅拌机中，用1挡搅拌。

2搅拌5分钟后，取出部分面团拉抻，确认其搅拌状态（A）。
※由于面团较软，面团表面较为黏糊，拉抻时面团很容易断裂。

3将搅拌机调至2挡，搅拌3分钟，确认面团的搅拌状态（B）。
※此时面团虽已开始具有一定的黏性，但面团表面仍然很黏糊，很难被拉抻。

4加入黄油后，将搅拌机调至1挡，搅拌3分钟，确认面团的搅拌状态（C）。
※此时，面团的黏性降低，面团变得更加柔软。

5将搅拌机调至2挡，继续搅拌10分钟，搅拌过程中确认面团的搅拌状态（D）。
※此时，面团虽然仍很黏糊，但被拉抻时能够变薄。

6将面团整理一下，使其表面呈现较为圆鼓的状态，将整理好的面团放入发酵盒中（E）。
※揉和好面团的温度以26℃为最佳。

发酵

7将发酵盒放入温度为28~30℃、湿度为75%的发酵箱中发酵，发酵时间为40分钟。
※此时要尽早结束发酵过程。以用手指按压面团仍能恢复原状为宜。

拍打

8对面团整体按压，从左、右分别将面团折叠过来，以稍高强度拍打面团（P39）。将拍打后的面团放入发酵盒。
※为将较为柔软的面团整理得更为紧实，要对面团进行稍高强度的拍打。

发酵

9将发酵盒放入与刚才相同条件的发酵箱中，继续醒发40分钟（F）。
※此时面团充分发酵，使其充分膨胀，以用手指按压能留下指痕为宜。

分割

10将发酵好的面团放到工作台上，分割成60g的小块。

成型

11用手按压面团，排出面团中的多余气体，将面团较为平整的一面向外放置，对面团充分滚圆。最后将面团底部位置捏合到一起。
※此阶段要将面团中的气体排尽，将面团整理成较为光滑的圆形。

12将面团捏合部位向下摆放于模具中（G）。

最终发酵

13将面团放入温度为38℃、湿度为75%的发酵箱中醒发60分钟。
※此阶段中要将面团发酵至模具容积的70%为宜。发酵过度，面团在烘烤过程中会从模具边缘露出，影响面包的美观。

烘烤

14将面团表面喷上水雾，撒上适量玉米碴，模具加盖（H）。

15将面团放入上火190℃、下火240℃的烤箱中，烤制18分钟。
※烘烤结束后，将模具从烤箱中取出，打开模具上盖，将模具连同面包一起从较高位置摔到工作台上，这样面包很容易就与模具分开了。

关于英式玛芬面包

　　产生于英国的这种玛芬面包是1949年美国开发制作出的Brown' N Serve 的原型，这种面包在1960年与Brown' N Serv面包一起风靡全美国。

　　一般情况下，面包都是在200℃左右的高温中烤制而成的，但Brown' N Serve面包却是在140℃左右的低温中烤制出来的。玛芬面包虽是在高温中进行烤制，但由于烤制过程中给模具加盖，烤制出的面包呈现较白的颜色。

　　在19世纪的伦敦，经常会看到有人将玛芬面包装在盆里顶在头上穿梭于大街小巷叫卖。玛芬面包还被编入了英国《鹅妈妈》的童谣中。

※为使面包在烘烤过程中不会被上色，烤制之后的面包要放入冰箱冷冻保存，食用的时候将其放于微波炉或面包机中加热即可。

硬面包圈
Bagel

　　硬面包圈是将面团水煮之后再烤制，面包的制作方法一改往常，是在1980年左右北美开始流行起来的。由于面包制作的时候面团先进行煮制，面团表面会发生糊化反应，烤制后的面包咬劲十足，具有较好的口感。

　　最近，这种面包在美国、日本也十分有人气。加入各种辅料的硬面包圈十分美味，丰富了三明治的种类，使人们选择的余地更大。

制作方法　　直接发酵法

食材　　准备2kg（33个的分量）

	比例(%)	重量(g)
法式面包专用粉	80.0	1600
低筋面	10.0	200
黑麦粉	10.0	200
砂糖	3.0	60
食盐	2.0	40
鲜酵母	2.0	40
水	58.0	1160
合计	165.0	3300

麦芽提取物（热水用）煮制热水重量的3%

搅拌	自动螺旋式搅拌机 1挡10分钟 2挡4分钟 搅拌完的温度为26℃
发酵	30分钟 28～30℃ 75%
分割	100g
成型	棍状（20cm）→环
最终发酵	30分钟 32℃ 75%
水煮	2分钟 90℃
烘烤	18分钟 上火230℃ 下火190℃

硬面包圈的横切面

　　在水煮过程中面团表面发生糊化，因此做出的面包具有较厚的面包皮。此面包是将较硬的面团整理成较细的棒状烤制的，因此面包心中的气孔较细致、密集。

搅 拌

1 将全部食材放入搅拌机中，用1挡搅拌。

2 搅拌至3分钟时，取出部分面团拉抻，确认其搅拌状态。
※此时，面团中的食材虽已被搅拌均匀，但面团仍未黏合成一团，面团表面较为粗糙，黏性较差。由于面团质地较硬，面团表面不会那么黏糊。

3 搅拌至10分钟时，取出适量面团拉抻，并确认搅拌状态。
※此时面团虽能够被拉抻，但继续拉抻面团很容易断裂。

4 将搅拌机调至2挡，继续搅拌4分钟，并确认面团的搅拌状态。
※由于面团质地较硬，能够被拉抻变得稍薄些。

5 将面团整理成表面较为饱满的圆鼓状，放入发酵盒中。
※由于面团质地较硬，操作时要在工作台上按压。
※揉和好面团的温度以26℃为最佳。

发 酵

6 将发酵盒放入温度为28～30℃、湿度为75%的发酵箱中发酵，发酵时间为30分钟。
※由于面团质地较硬，发酵时间较短，发酵后的面团也不会膨胀太大。与面团发酵相比，这一阶段更像是使面团得到休息，使其失去一定的弹性。

分 割

7 将面团从发酵盒中取出后置于工作台上，分割成100g的小块。
※为了方便在之后的操作中将面团整理成长方形，此阶段中要尽量将面团分割成正方形。

成 型

8 用擀面杖将面团擀成长方形，排出面团中的多余气体。

9 将面团较为平整的一面向下放置于工作台上。从一侧将面团弯折1/3，并用手掌掌跟部位将面团边缘按压到面团上。

10 另一侧也采用同样的方法进行弯折，将其边缘按压到面团上。

11 继续从一侧将面团弯折1/3，并将面团边缘部位按压到面团上。

12 从另一侧将面团对折，将面团边缘用力按压，使其黏合到一起。从上向下一边用力按压，一边将面团整理成长约20cm的棒状。

13将面团黏合位置向上，面团一端用擀面杖擀薄。

14将面团另一端叠放于擀薄的一端，面团整理成环形。
※将面团整理成环形的时候注意，要尽量将面团黏合部位连在一起。

15用擀薄的一端将面团另一端包裹起来，然后将面团擀薄的部位捏合起来。

16面团边缘的黏合部位要尽量与整个面团的黏合部位连在一起。

17将面团黏合部位向下摆放于铺有白布的搁板上。

最终发酵

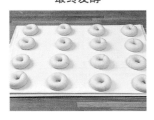

18 将面团放入温度为32℃、湿度为75%的发酵箱中发酵30分钟。
※此阶段中面团发酵，也为了使面团失去一定弹力的过程。但是，此阶段中面团发酵不充分的话，在煮制过程中面团黏合部位容易裂开。

水 煮

19将面团放入溶有麦芽提取物的90℃热水中进行煮制，煮制时间为每面1分钟左右。
※进行煮制的时候要先将面团黏合部位向上，对较为平整的一面进行煮制，这样烤制出的面包会更美观些。

水煮之前　　　水煮之后

20煮制后的面包稍显膨胀。
※煮过的面团冷却之后就会变瘪、变硬，烘烤时面团也很难膨胀起来，因此要在面团没凉之前烘烤。

21沥干水分，将面团黏合部位向下摆放于烤盘上。
※此时，一定要沥干水分。由于水中添加了麦芽提取物，面团上留有过多的水分，容易黏到烤盘上，要尽量避免此种情况的发生。

烘 烤

22将面团放入上火240℃、下火220℃的烤箱中，烘烤18分钟。

德式圣诞面包

Christstollen

　　加入各种食材的发酵面团搭配上各式干果，慢慢烘烤出的美味点心，这就是德式圣诞面包。这种面包通常会被简称为圣诞面包，从它的名称中，我们就能猜出它与圣诞节有着某种关联。没错，这种面包就是西方人在圣诞节时用于祭祀的，面包的形状象征着被白布包裹起来的基督圣婴。关于这种面包最早的文献记载始于14～15世纪，有着较为悠久的食用历史。

制作方法	间接发酵法（Ansatz种面团）
食材	准备1.25kg（8个的分量）

	重量(g)
●Ansatz种面团	
法式面包专用粉	250
鲜酵母	75
牛奶	220
●主面团	
法式面包专用粉	1000
杏仁糖霜	200
砂糖	125
食盐	12
黄油	500
蛋黄	60
小豆蔻（粉末）	1
肉豆蔻（粉末）	2
腌渍水果	1300
合计	3745

●腌制干果※	
美国加利福尼亚葡萄干、无核葡萄干	各500
陈皮	200
香橼皮	100
香草荚	2根
朗姆酒、大马尼埃酒、白兰地、雪利酒	各适量

融开的黄油、香草糖

※腌制干果的制作方法：将干果用温水洗一下，沥干水分。将陈皮和香橼皮切碎。将所有食材混合在一起腌制2～3个月。喜欢酒味的话，您可以根据个人喜好适量添加些红酒。

种面团的搅拌	用刮刀搅拌 搅拌完的温度为26℃
发酵	40分钟 28～30℃ 75%
搅拌	杏仁糖霜、砂糖、食盐、小豆蔻、肉豆蔻、黄油、蛋黄
主面团的搅拌	立式搅拌机 1挡3分钟 2挡3分钟 水果 2挡2分钟 搅拌完的温度为26℃
分割	450g
成型	参照制作方法
最终发酵	60分钟 30℃ 70%
烘烤	50分钟（20分钟时取下锡箔纸） 上火210℃ 下火160℃
最终发酵	烘烤完成涂抹融化的黄油、撒上香草糖

准备工作

·将烤盘铺上锡箔纸，涂抹融化的黄油。

·将腌制好的干果用笊篱捞出，沥干水分备用。香草荚剖开后去除外皮备用。

1 将种面团所需全部食材放入盆中，用刮刀混合均匀。

2 将各种食材混合均匀后，搅拌至面团呈现一定的黏性。
※此阶段中，要对面团充分搅拌，直至面团中没有干面粉为止。搅拌至用刮刀提起面团具有一定黏性为止。
※搅拌好面团的温度为26℃。

3 图中为面团发酵之前的状态。

发 酵

4 将面团放入温度为28～30℃、湿度为75%的发酵箱中发酵，发酵时间为40分钟。

搅 拌

5 将杏仁糖霜撕碎后和砂糖、食盐、小豆蔻、肉豆蔻等一起加到固定在桌面上的搅拌机中。

6 将打蛋器安装到搅拌机上，搅拌食材，直至将杏仁糖霜搅拌碎为止，搅拌时间为2~3分钟。

7 将黄油分数次加到搅拌机中，继续搅拌，使搅拌机中的食材含有一定的空气。
※搅拌过程中，要不时地对黏在打蛋器或搅拌机上的面团进行清理，直至将面团充分混合均匀。搅拌机底部的面团很难搅拌均匀，要注意这一点，搅拌过程中适当调整。

8 将蛋黄加到搅拌机中，继续搅拌，直至面团中含有较多的空气。

9 搅拌完成。
※将搅拌机中的面团向上挑起时，面团不会掉落而黏在打蛋器上，说明搅拌完成了。（P143 "搅拌奶油的目的"）。

主面团的搅拌

10 将法式面包专用粉、步骤9和步骤3中搅拌好的面团加到立式搅拌机中，用1挡搅拌。
※必要时可添加适量牛奶（配料以外），对面团的硬度调整。

11 面团搅拌3分钟后，取出部分面团拉抻，确认其搅拌状态。
※此时，面团较硬、粗糙，几乎没有黏性，拉抻时面团很容易断裂。

12 将搅拌机调至2挡，搅拌3分钟，并确认面团的搅拌状态。
※此时，面团整体被搅拌均匀，成为一个整体，面团稍微具有一定的黏性，并具有一定的弹性。

13 将腌制好的干果加到搅拌机中，继续用2挡搅拌。
※搅拌至食材均匀分布时，即搅拌完成。
※搅拌好面团的温度为26℃。

分 割

14 面团取出后置于工作台上，分割成450g的块。

成 型

滚圆之前　　　滚圆之后

15 将面团滚圆。
※由于面团较为黏糊。可在工作台上按压滚圆。操作过程中要防止用力过大将面团揉碎。

16 在面团中间位置用掌跟部位按压，使其凹陷。

17 将面团向外对折，转动起来，整理成长20cm的棒状。

18 将面团黏合部位向上，如图所示留出边缘部位，面团中间部位用擀面杖擀一下。
※由于面团的黏性较差，此阶段中将面团擀太薄，面团很容易裂开，要避免这一问题的出现。

19 将未擀薄的面团边缘部位错开位置重叠在一起，整个面团从对面折叠过来。

20 将面团弯折部位的另一侧用擀面杖抵住，轻轻按压，并将面团的形状整理一下。

21 将整好形状的面团摆在烤盘上。

22 将加热融化后的黄油用毛刷涂满面团表面。用锡箔纸将面团包裹起来，整理一下面团的形状。
※要事先准备好融化后变温的黄油，将其涂满面团表面。

最终发酵

23 将面团放入温度为30℃、湿度为70％的发酵箱中发酵，发酵时间为60分钟。
※发酵过程中，面团虽不会膨胀很大，但也要对面团充分醒发，以用手指按压能留下指痕为宜。
※由于面团被锡箔纸包裹起来，难以确认其发酵状态。因此，要将锡箔纸边缘掀起一小部分查看。

烘烤

24 将面团放入上火210℃、下火160℃的烤箱中烤制20分钟，烤制完成后将锡箔纸揭开撕去即可。
※拆锡箔纸的时候一定要小心，不然容易将面包表面弄花，影响面包的美观。

25 将去除锡箔纸的面包重新放回相同条件的烤箱中，继续烘烤30分钟。

完 成

26 趁热将融化好的黄油涂满面包表层，使黄油浸入面包表层。
※面包底部也要涂抹。

27 将涂抹好黄油的面包放入装有香草糖的容器里，将面团表面粘满糖粉。

德式圣诞面包的横切面

由于面包是将含有各种食材的面团在低温条件下经过较长时间烘烤而成，因此面包皮较厚。面包心中的干果和面团的密度较大，面团中的气泡较小，且密集在一起。

德式圣诞面包的保存方法和食用方法

一般来说，刚烤制出的圣诞面包不如放置数天或数周的面包美味，这是由于将冷却后的面包用保鲜膜包裹起来，放置一周左右后面包中各种食材的味道就会充分散发出来。这种面包可在阴凉干燥处保存1个月以上。食用的时候，可去除多余香草糖，撒上适量粉砂糖，将面包切成约1cm厚的薄片。切的时候，首先将面包从中间部位一分为二，然后再从中间位置向一端切出当天的食用片数。剩余部分则用保鲜膜密封放置，防止面包变干。

您不可不知的德式圣诞面包发展史

德式圣诞面包的历史可追溯至中世纪。据文献记载，早在1329年，居住在萨拉赫河沿河街道的人们向Naumburg（南姆堡）的基督教徒Heinrich进献圣诞节礼品时，就选择了烤制点心。当时，根据天主教的教义，降临节中使用的面包和点心是不允许使用奶制品或鸡蛋的，因此烤制面包也只使用面粉、酵母和水制作而成。面包的外表包裹着一层糖分，宛如被白布包裹住的圣婴似的。

在德国原乌尔姆面包博物馆馆长与历史学者 Irene Kraus共同编写的著作Chronik bildschoner Backwerke（烤制点心年代记）中有这样的记叙："中世纪，在修道院中烤制的用于斋戒的面包一般是由面粉、酵母和水等较为简单的食材制作而成的"。这种面包就是现在我们所说的圣诞面包，但当时的圣诞面包与现在较为复杂的食材搭配差别很大，很难想象用料如此简单的面包竟然是圣诞面包的原型。

到15世纪后半期，在德累斯顿，人们首次采用"基督面包"这一名称，圣诞面包首次作为圣保罗大教堂的斋戒点心食用，同时，教皇英诺森8世颁布了著名的"黄油食用许可令"，这样人们在斋戒期间也能够食用奶制品。

之后，宫廷点心艺人亨利一世在面团中加入干果、坚果进行改良，圣诞面包才逐渐发展成现在这种制作方法。

16世纪，德国最古老的圣诞集市——德累斯顿集市上，人们开始广泛销售圣诞面包，让其成为圣诞节必不可少的重要食物。此外，据说1730年萨克森选帝侯奥古斯都为举行军事演习，定制了一个重达1.8t的圣诞面包，这个大面包集合了100人的力量，历时1周才制作出来。制作面包用的道具有的竟长达1.6m，甚是壮观。

圣诞面包的食用时间

人们一般会在11月末至圣诞节前夕的降临节这段为期4个星期左右的时间里食用圣诞面包，可并没有一个较为具体的时间，只是每年到了这个时候，人们总会觉得"快要到吃圣诞面包的时节了"。食用的频率和食用量也会根据地区和家庭的不同而有所差异。

圣诞面包还是不错的圣诞礼物

从11月11日圣马丁节结束之后，面包店里就会摆放与圣诞节有关的各种商品。每年一到这个时节，各式店铺内的装饰品也会焕然一新，到处都洋溢着圣诞节的气息。等到11月中旬，降临节即将到来之时，店铺里就会摆满圣诞面包，那场面着实壮观。

圣诞面包与其他面包、点心不同，是一种具有典型节日感和季节感的昂贵点心。就像日本人在年终时，为表达心意，会给亲戚、友人或有商务往来的熟人送去礼物一样，方便保存、昂贵奢华的圣诞面包也是人们馈赠亲朋好友的不错选择。

酸味面包

初种

Anstellgut

　　初种面团是指酸面团发酵时所需要的黑麦乳酸发酵种，在德语中被称作Anstellgut。通常，和好的面团经过4~5天的发酵和熟成过程，就能完成初种面团的制作。然后，在初种面团的基础之上，就可以制作酸面团，接着完成主面团的搅拌和发酵。

第一天

食材	重量(g)
黑麦粉	1000
水	680
黑麦粉	1000
合计	2680

	立式搅拌机
搅拌	1挡2分钟 2挡1分钟 搅拌好的温度28~30℃
发酵	24小时 30℃ 75%

搅拌

1将1000g黑麦粉和水加到搅拌机中，用1挡搅拌2分钟（A）。

2搅拌机调至2挡，搅拌1分钟，确认面团的搅拌状态（B）。
※搅拌好面团的温度为28~30℃。

3取出搅拌好的面团后置于发酵盒中（C）。

4撒上1000g黑麦粉（D）。

发酵

5将发酵盒放入温度为30℃、湿度为75%的发酵箱中发酵，发酵时间为24小时（E）。

第二天①

食材	重量(g)
第一天的面团	全部
水	1000
合计	3680

	立式搅拌机
搅拌	1挡2分钟 2挡1分钟 搅拌好的温度24~26℃
发酵	8小时 25℃ 75%

搅拌

6将第一天的面团和水加到搅拌机中，用1挡搅拌2分钟（F）。

7将搅拌机调至2挡，搅拌1分钟，并确认面团的搅拌状态（G）。将搅拌好的面团放入发酵盒中（H）。
※搅拌好面团的温度为24~26℃。

发酵

8将发酵盒放入温度为25℃、湿度为75%的发酵箱中发酵，发酵时间为8小时（I）。

第二天②

食材	重量(g)
第二天①的面团	全部
黑麦粉	900
水	200
合计	4780

	立式搅拌机
搅拌	1挡2分钟 2挡1分钟 搅拌好的温度为22~24℃
发酵	16小时 22℃ 75%

搅拌

9将第二天①中的面团、黑麦粉和水加到搅拌机中，用1挡搅拌2分钟（J）。

10搅拌机调至2挡，搅拌1分钟，并确认面团的搅拌状态（K）。面团放入发酵盒中（L）。
※搅拌好面团的温度为22~24℃。

发酵

11将发酵盒放入温度为22℃、湿度为75%的发酵箱中发酵，发酵时间为16小时（M）。

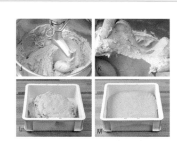

第三天①

食材	重量(g)
第二天②的面团	750
黑麦粉	500
水	500
合计	1750

搅拌	立式搅拌机 1挡2分钟 2挡1分钟 搅拌好的温度24~26℃
发酵	8小时 25℃ 75%

搅拌

12 将750g第二天②的面团、黑麦粉和水放入搅拌机中，用1挡搅拌2分钟（N）。

13 搅拌机调至2挡，搅拌1分钟，并确认面团的搅拌状态（O）。
※搅拌好面团的温度为24~26℃。

14 将面团取出后置于发酵盒中（P）。

发酵

15 将发酵盒放入温度为25℃、湿度为75%的发酵箱中发酵，发酵时间为8小时（Q）。

第三天②

食材	重量(g)
第三天①的面团	1500
黑麦粉	800
水	400
合计	2700

搅拌	立式搅拌机 1挡2分钟 2挡1分钟 搅拌好的温度为22~24℃
发酵	16小时 22℃ 75%

搅拌

16 将1500g第三天①的面团、黑麦粉和水放到搅拌机中，用1挡搅拌2分钟（V）。

17 搅拌机调至2挡，搅拌1分钟，确认面团的搅拌状态（S）。
※搅拌好面团的温度为22~24℃。

18 将面团取出后置于发酵盒中（T）。

发酵

19 将发酵盒放入温度为22℃、湿度为75%的发酵箱中发酵，发酵时间为16小时（U）。

第四天

食材	重量(g)
第三天②的面团	1500
黑麦粉	800
水	400
合计	2700

搅拌	立式搅拌机 1挡2分钟 2挡1分钟 搅拌好的温度为22~24℃
发酵	24小时 22℃ 75%

搅拌

20 将1500g第三天②的面团、黑麦粉和水放入搅拌机中，用1挡搅拌2分钟（V）。

21 搅拌机调至2挡，搅拌1分钟，并确认面团的搅拌状态（W）。
※搅拌好面团的温度为22~24℃。

22 将面团取出后置于发酵盒中（X）。

发酵

23 将发酵盒放入温度为22℃、湿度为75%的发酵箱中发酵，发酵时间为24小时（Y）。

第五、六天

食材	重量（g）
前一天的面团	1500
黑麦粉	800
水	400
合计	2700

搅拌	立式搅拌机 1挡2分钟 2挡1分钟 搅拌好的温度24~26℃
发酵	24小时 22℃ 75%

搅拌

24 将1500g前一天的面团、黑麦粉和水加到搅拌机中，用1挡搅拌2分钟。

25 搅拌机调至2挡，搅拌1分钟，并确认面团的搅拌状态。
※搅拌好面团的温度为22~24℃。

26 将搅拌好的面团取出后置于发酵盒中。

发酵

27 将发酵盒放入温度为22℃、湿度为75%的发酵箱中发酵，发酵时间为24小时。图片Z即为第5天发酵之后面团的状态。

制作初种面团时的注意事项

搅拌

由于黑麦面粉在搅拌过程中无法形成面筋组织，因此种面团的搅拌仅限于将各种食材搅拌均匀，之后就可以停止搅拌过程，搅拌完的面团表面仍很黏糊。

第一天

在搅拌好的面团上撒适量黑麦粉是为了防止面团表面发生干燥现象。面团表面出现裂纹是对面团发酵状态进行确认的重要标准。

第二、三天

此阶段中，发酵的主要目的是酵母菌增殖。氧气是面团发酵过程中的重要条件，因此要在1天之内进行2次续种发酵。从可操作性来看，第一次的发酵时间为8小时，第二次的发酵时间为16小时（一整晚）。第一次的发酵时间比第二次要短很多，因此在面团中加入的水要多些，这样面团会较为柔软，面团搅拌温度和发酵温度的设定也要高一些。

第四天

由于此阶段发酵是以酸的生成为主要目的，每天续种1次即可。结束4天发酵后的面团能够作为初种使用，但是面团中酸的熟成时间不长，做出的面团酸味也会浓一些。

第五、六天

继续续种发酵，面团就会变成具有柔和酸味和浓烈香味的初种面团。通过面团散发的香味，就能判断出种面团是否制作完成了。

注意事项

制作初种面团最重要的一点，就是制作过程中要恰当做好温度的控制。温度控制不合理，面团的续种发酵就会受到一定程度的影响，种面团在发酵过程中也容易变成褐色，种面团香味较差、酸味较强，不能使用。

十分浪费的初种面团制作过程

从开始制作初种面团起，制作过程中人们总会不断废弃一部分面团，而制作好的初种面团也仅仅使用一部分，剩下的面团又会被浪费掉。为了避免浪费，制作的时候注意面团量的把握不失为一个较为简单的办法，但控制一定的用量，面团中发酵种的量又会不稳定，影响面团的发酵、熟成过程。众所周知，在微生物界，微生物的数量与微生物代谢时的热量等因素有着很大的关系，因此进行种面团的制作时是无法将面粉用量控制在最小范围内的，发酵面团的浪费也就在所难免。但我们可以将做好的初种面团采用下面的方法进行保存。

保存数天

冷藏保存（5℃），待其恢复常温后再使用。

保存1~2周

冷冻保存（零下20℃），待其在常温下解冻后再使用。

保存1个月左右

加入黑麦粉后使其变硬，将其揉开呈肉松状。将面团放到通风较好的地方进行晾干，然后置于阴凉、干燥处保存。使用时只需用水将面团浸泡至软即可。

黑麦面包

Roggenmischbrot

黑麦面包是指将黑麦粉与面粉按照1：1的比例混合在一起后制作成的面包。

以前人们总是认为，黑麦面包中含有的黑麦量比较大，其实不然。

面包中黑麦粉的含量越大，面包心中的气泡就会越小，面包的口感越重，面包心更加湿润。

制作方法　　间接发酵法（酸面团法）

食材　　　　准备5kg（9个的分量）

	重量(g)
●酸面团	
黑麦粉	1200
初种面团（P206）	120
水	960
合计	2280
●主面团	
法式面包专用粉	2000
黑麦粉	1800
酸面团	2160
食盐	90
鲜酵母	70
水	2640
合计	8760
黑麦粉	适量

种面团的搅拌	立式搅拌机 1挡2分钟　2挡1分钟 搅拌完温度为25℃
发酵	18小时（±3小时） 22~25℃　75%
主面团的搅拌	自动螺旋式搅拌机 1挡5分钟 搅拌完温度为28℃
发酵（初次发酵）	5分钟　28~30℃ 75%
分割	950g
成型	棒状（35cm）
最终发酵	60分钟　32℃　70%
烘烤	划上花纹 45分钟 上火230℃ 下火230℃ 喷入蒸汽（喷5分钟后放5分钟）

准备工作

·在藤制发酵筐（口径：长径37cm×短径14cm）中撒上适量黑麦粉。

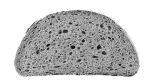

黑麦面包的横切面

由于面团中加入的黑麦粉较多，面团的发酵能力较弱。面团加到藤制发酵筐中最终发酵后，也只是稍稍膨胀成半月形。面包皮较厚，面包心中分布着大大小小细长的椭圆形气泡。

酸面团的搅拌

1将酸面团所需全部食材加到搅拌机中，用1挡搅拌2分钟。
※此时各种食材已几乎搅拌均匀。面团表面会有黏糊之感。

2将搅拌机调至2挡，搅拌1分钟，并确认面团的搅拌状态。
※此时，面团中各种食材已搅拌均匀，面团表面仍很黏糊，且面团没有黏性。

3将面团放入发酵盒中，整理一下。
※将面团在发酵盒中稍微整理一下。
※此阶段中面团的温度以25℃为宜。

发 酵

4将发酵盒放入温度为22~25℃、湿度为75%的发酵箱中发酵18小时。
※此时，面团虽已充分膨胀，但面团仍不具备一定的黏性，面团表面较为黏糊。
※一般来说，面团的发酵时间为18小时，具体可根据实际情况调整，但基本上以15~21小时为最佳。

主面团的搅拌

5将主面团所需全部食材加到搅拌机中，用1挡搅拌5分钟。搅拌过程中取出部分面团拉抻，并确认其搅拌状态。
※此时，面团的黏性仍然很弱，面团表面很黏糊。拉抻时，面团很容易就撕裂。

6将面团放到撒有黑麦粉的木板上。
※此时搅拌好面团的温度以28℃为宜。

发酵（初次发酵）

7将面团放入温度为28~30℃、湿度为75%的发酵箱中发酵，发酵时间为5分钟。
※此时，面团虽没有膨胀起来，但面团的黏性降低了。

分割、滚圆

8将面团分割成950g的块状。在工作台上撒适量干面粉，用一只手支撑住面团，另一只手从一侧将面团向中间部位折叠过来，并轻轻按压面团。

9将整个面团一点点转动起来，一边转动一边将面团向手前按压，重复这一操作步骤数次，将面团整理成表面较为圆鼓状。

10图中为面团滚圆之前与滚圆之后的状态。

滚圆之前　　滚圆之后

成 型

11将面团较为平整的一面向下放置，将手掌立起来，按压面团中间部位，将其整理成凹陷状。

12从左侧开始将1/3面团弯折。

13 手掌部位立起来，将面团边缘位置按压到面团上。

14 将面团转动90°，使面团弯折部分转到对面，用双手拇指与掌跟部位将面团边缘按压到面团上。

15 将面团对折，用手掌掌跟部位将面团边缘按压到一起。
※按压的时候要注意，不要用力过大，以免面团断裂、碎开。

16 一边从上向下用力按压，一边将面团整理成长35cm的棒状。

17 将面团捏合部位向上置于藤制发酵筐中。
※放置的时候注意，要用手拿起面团的两端，从中间部位开始将其置于藤制发酵筐中。事先撒于藤制发酵筐中的黑麦粉容易掉落，将面团放入的时候要防止手碰触到干面粉。

18 图中为面团最终发酵前的状态。

最终发酵

19 将藤制发酵筐放入温度为32℃、湿度为70%的发酵箱中发酵，发酵时间为60分钟。
※最终发酵时，发酵箱中的湿度过高，面团很容易黏住藤制发酵筐。
※此阶段中，面团发酵不充分的话，烘烤时面团容易裂开。

烘烤

20 将藤制发酵筐翻过来，这样，面团就直接被移到滑动托布上了。
※移动面团的时候一定要注意，先检查一下面团有没有黏在藤制发酵筐上。如果面团黏在上面，在移动的时候就要轻轻抖动藤制发酵筐，使面团自行脱落。

21 在面团表面划上花纹。
※划制花纹时注意，要将刀子垂直与面团放置，在面团上划出一条深5mm的口子。

22 将面团放入上火230℃、下火230℃的烤箱中，再喷入蒸汽，烘烤45分钟。烘烤5分钟后，将烤箱的换气口打开，排出烤箱中的气体后，继续烤制。

面包烘烤过程中的排气

　　黑麦粉在烘烤过程中会不断吸收水分，持续膨胀。因此，烤箱中只要有蒸汽的存在，面包皮就不会变硬，当面包皮无法承受面团的膨胀时，面包皮就会裂开。面包烘烤时，只在最开始的5分钟内使用蒸汽，之后将蒸汽彻底排尽再烘烤，这样面包皮才会变硬，面包心才会形成较为整齐的气泡。

小麦黑面包

Weizenmischbrot

　　Weizen在德语中是"小麦"的意思。这种小麦黑面包与P209的黑麦面包正好相反，是面粉含量较多的面包类型。面包中面粉含量越多，面包心中的气泡就越大，面包的口感也更好。

制作方法　　间接发酵法（酸面团法）
食材　　准备5kg（11个的分量）

	重量(g)
●酸面团	
黑麦粉	800
初种面团（P206）	80
水	640
合计	1520
●主面团	
法式面包专用粉	3500
黑麦粉	700
酸面团	1440
食盐	90
鲜酵母	90
水	2760
合计	8580
黑麦粉	适量

种面团的搅拌	立式搅拌机 1挡2分钟　2挡1分钟 搅拌完的温度为25℃
发酵	18小时（±3小时） 22~25℃ 75%
主面团的搅拌	自动螺旋式搅拌机 1挡5分钟　2挡2分钟 搅拌完的温度为28℃
发酵（初次发酵）	10分钟　28~30℃ 75%
中间醒发	10分钟
成型	棒状（35cm）
最终发酵	60分钟 32℃ 70%
烘烤	划上花纹 40分钟 上火230℃ 下火230℃ 喷入蒸汽（喷5分钟后放5分钟）

准备工作

·在藤制发酵筐（口径：长径37cm×短径14cm）中撒上适量黑麦粉。

酸面团

1 参照黑麦面包制作方法中的步骤1~4（P210）制作酸面团。

主面团的搅拌

2 将主面团所需全部食材放入搅拌机中，用1挡搅拌。

3 搅拌5分钟后取出部分面团拉抻，确认其搅拌状态（A）。
※此时，面团中各种食材已基本搅拌均匀，但面团表面较为黏糊。

4 搅拌机调至2挡，搅拌2分钟，并确认面团的搅拌状态（B）。
※此时，面团的黏性仍然很弱，面团表面稍有些黏糊，拉抻时面团能稍微被拉抻变薄。

5 将面团放到撒有黑麦粉的木板上（C）。
※此阶段中，搅拌好面团的温度为28℃。

发酵（初次发酵）

6 将面团放入温度为28~30℃、湿度为75%的发酵箱中发酵，发酵时间为10分钟（D）。
※此时的面团稍微膨胀起来，面团表面也没有那么黏糊。

分割、滚圆

7 将面团分割成750g的块状。

8 在工作台上撒适量干面粉，用一只手支撑住面团，另一只手从一侧将面团向中间部位折叠过来，并轻轻按压面团。

9 将整个面团一点点转动起来，重复步骤8中的操作，将面团整理成表面较为圆鼓状（E）。

10 将面团摆在铺有白布的搁板上。

中间醒发

11 将面团放入与发酵时条件相同的发酵箱中，醒发10分钟。
※此时要对面团充分醒发，直至其失去弹性。

成型

12 将面团较为平整的一面向下放置，将手掌立起来，按压面团中间部位，将其整理成凹陷状。

13 从左侧开始将面团弯折1/3，手掌部位立起来，将面团边缘位置按压到面团上。

14 将面团转动90°，使面团弯折部分转到对面，用双手拇指与掌跟部位将面团边缘按压到面团上。

15 从对面将面团对折，用手掌掌跟部位将面团边缘按压在一起。
※按压的时候要注意，不要力过大，以免面团断裂、碎开。

16 一边从上向下用力按压一边将面团整理成长35cm的棒状。

17 将面团捏合部位向上置于藤制发酵筐中（F）。
※放置的时候要注意，应用手拿起面团的两端，从中间部位开始将其置于藤制发酵筐中。事先撒于藤制发酵筐中的黑麦粉容易掉落，将面团放入的时候要防止手碰触到黑麦粉。

最终发酵

18 将藤制发酵筐放入温度为32℃、湿度为70%的发酵箱中发酵，发酵时间为60分钟（G）。
※最终发酵时，如果发酵箱中的湿度过高，面团很容易黏到藤制发酵筐中。
※此阶段中，面团发酵不充分的话，烘烤时面团很容易裂开。

烘烤

19 将藤制发酵筐翻过来，这样，面团就直接被移到滑动托布上了。
※移动面团的时候一定要注意，先检查一下面团有没有黏到藤制发酵筐中。如果面团黏在上面，在移动的时候就要轻轻抖动藤制发酵筐，使面团自行脱落。

20 在面团表面划上花纹（H）。
※划制花纹时要注意，应将刀子垂直放置，划出一条深5mm的口子。

21 将面团放入上火230℃、下火220℃的烤箱中，再喷入蒸汽，烘烤40分钟。烘烤5分钟后，将烤箱的换气口打开，排出烤箱中的气体后，继续烤制。

滚圆之前　　滚圆之后

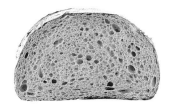

小麦黑面包的横切面

由于面团加入的面粉较多，与黑麦面团（P209）相比，面团稍微膨胀、成饱满的半月形。面团的烤制时间较长，面包皮较厚，面包具有一定的造型。面包心中分布着大小不一的圆形或椭圆形气孔。

柏林田园风味面包

Berliner-Landbrot

　　这是一种大型面包，属于黑麦面包的一种。面包以扁平、椭圆形状以及表面独特的裂纹为主要特征。面包较为湿润，口感独特，切成薄薄的片状，夹上带有咸味的火腿和香肠，美味的三明治就完成了，快来试试吧！

制作方法	间接发酵法（酸面团法）
食材	准备5kg（7个的分量）

	重量(g)
●酸面团	
黑麦粉	1600
初种面团（P206）	160
水	1280
合计	3040
●主面团	
法式面包专用粉	1000
黑麦粉	2400
酸面团	2880
食盐	90
鲜酵母	60
水	2320
合计	8750
黑麦粉	适量

种面团的搅拌	立式搅拌机 1挡2分钟 2挡1分钟 搅拌完的温度为25℃
发酵	18小时（±3小时） 22~25℃ 75%
主面团的搅拌	自动螺旋式搅拌机 1挡5分钟 搅拌完的温度为28℃
分割	1200g
成型	棒状（35cm）
最终发酵	60分钟 （40分钟 时移到滑动托布 上）32℃ 70%
烘烤	50分钟 上火230℃ 下火230℃ 喷入蒸汽（喷5分 钟后放5分钟）

酸面团

1 参照黑麦面包制作方法中的步骤1~4（P210）制作酸面团。

主面团的搅拌

2 将主面团所需全部食材放入搅拌机中，用1挡搅拌。

3 搅拌5分钟后取出部分面团拉抻，确认其搅拌状态（A）。
※此时，面团的黏性还很弱，面团表面十分黏糊，轻轻拉抻面团很容易断裂。

4 将面团放到撒有黑麦粉的木板上（B）。
※此阶段中，搅拌好面团的温度为28℃。

分割、滚圆

5 将面团分割成1200g的块状。

6 在工作台上撒适量干面粉，用一只手支撑住面团，另一只手从一侧将面团向中间部位折叠过来，并轻轻按压面团。

7 将整个面团一点点转动起来，重复步骤6中的操作，将面团按压整理成表面较为圆鼓状（C）。

成型

8 将面团较为平整的一面向下放置，将手掌立起来，按压面团中间部位，将其整理成凹陷状。

9 从左侧开始将面团弯折1/3，手掌部位立起来，将面团边缘位置按压到面团上。

10 将面团转动90°，使面团弯折部分转到对面，用双手拇指与掌跟部位将面团边缘按压到面团上。

11 从对面将面团对折，用手掌掌跟部位将面团边缘按压到一起。
※按压的时候要注意，不要用力过大，以免面团断裂、碎开。

12 一边从上向下用力，一边将面团整理成长35cm的棒状。

13 在搁板上铺上白布，撒上黑麦粉，白布整理出褶皱后，将面团捏合部位向下放置于白布上。

14 在面团表面撒上适量黑麦粉（D）。图片E为面团最终发酵前的状态。
※撒黑麦粉的时候要注意量的把握，要将面团表面撒均匀，直至不能看到面团表面为止，撒上的黑麦粉经过烤制，就成为这种面包的独特花纹。

最终发酵

15 将面团放入温度为32℃、湿度为70%的发酵箱中发酵，发酵时间为40分钟（F）。

16 用长板将面团移动到滑动托布上（G）。

17 将面团于室温中放置20分钟（H）。
※从发酵箱中将面团取出后置于空气中，面团表面会慢慢变干，面团的花纹就逐渐呈现出来。
※此阶段中，面团发酵不充分的话，烘烤时面团容易裂开。

烘烤

18 将面团放入上火230℃、下火235℃的烤箱中，再喷入蒸汽，烘烤50分钟。烘烤5分钟后，将烤箱的换气口打开，排出烤箱中的气体后，继续烤制。

柏林田园风味面包的横切面

面包的烤制时间将近一个小时，理所当然面包皮会很厚。另外，由于面包的造型被严格控制，面包心中的气泡较小，面包呈现较为扁平的椭圆形。此外，面包心呈现气孔较为密集的海绵状。

A

B

C　滚圆之前　滚圆之后

D

E

F

G

H

优格布洛特面包

Joghurtbrot

优格布洛特面包是在小麦黑面包面团的基础上添加10%~15%的酸奶制作出的黑麦面包。酸奶与黑麦粉、酸面团搭配，面包口感独特，香气四溢，有一种清爽的酸味，这是这种面包最大的特点。将酸味巧妙控制的优格布洛特面包是在黑麦面包的基础上改良而成的，是酷爱酸味的德国人的一大杰作。

制作方法	间接发酵法（酸面团法）
食材	准备5kg（14个的分量）

	重量(g)
●酸面团	
黑麦粉	800
初种面团（P206）	80
水	640
合计	1520

●主面团	
法式面包专用粉	3500
黑麦粉	700
酸面团	1440
食盐	90
鲜酵母	80
水	2250
原味酸奶	750
合计	8810

黑麦粉	适量

种面团的搅拌	立式搅拌机 1挡2分钟 2挡1分钟 搅拌完的温度为25℃
发酵	18小时（±3小时） 22~25℃ 75%
主面团的搅拌	自动螺旋式搅拌机 1挡5分钟 2挡2分钟 搅拌完的温度为28℃
发酵（初次发酵）	10分钟 28~30℃ 75%
分割	600g
中间醒发	10分钟
成型	椭圆形
最终发酵	60分钟 32℃ 70%
烘烤	划上花纹 40分钟 上火230℃ 下火220℃ 喷入蒸汽（喷5分 钟后放5分钟）

准备工作
・在藤制发酵筐（口径：长径37cm×短径14cm）中撒上适量黑麦粉。

酸面团

1 参照黑麦面包制作方法中的步骤1~4（P210）制作酸面团。

主面团的搅拌

2 将主面团所需全部食材放入搅拌机中，用1挡搅拌。

3 搅拌5分钟后取出部分面团拉抻，确认其搅拌状态（A）。
※此时，面团中各种食材已基本搅拌均匀，但面团表面较为黏糊。

4 搅拌机调至2挡，搅拌2分钟，并确认面团的搅拌状态（B）。
※此时，面团的黏性仍然很弱，面团表面稍有些黏糊，拉抻时面团能稍微被拉抻变薄。

5 将面团放到撒有黑麦粉的木板上。
※此阶段中，搅拌好面团的温度为28℃。

发酵（初次发酵）

6 将面团放入温度为28~30℃、湿度为75%的发酵箱中发酵，发酵时间为10分钟。
※此时的面团稍微膨胀起来，面团表面也没有那么黏糊。

分割、滚圆

7 将面团分割成600g的块状。

8 在工作台上撒适量干面粉，用一只手支撑住面团，另一只手从一侧将面团向中间部位折叠过来，并轻轻按压面团。

9 将整个面团一点点转动起来，重复步骤8中的操作，将面团按压整理成表面较为圆鼓状。

10 将面团摆到铺有白布的搁板上。

中间醒发

11 将面团放入与发酵时条件相同的发酵箱中，将面团醒发10分钟。
※此时要对面团充分醒发，直至其失去弹性。

成型

12 按压、整理面团，使其表面较为圆鼓。

13 将面团较为平整的一面向下放置，将手掌立起来，按压面团中间部位，将其整理成凹陷状（C）。

14 从左侧开始将面团对折，手掌部位立起来，将面团边缘位置按压到一起（D）。
※按压的时候要注意，不要用力过大，以免面团断裂、碎开。

15 将面团捏合部位向上置于藤制发酵筐中（E）。
※事先撒在藤制发酵筐中的黑麦粉容易掉落，将面团放入的时候要防止手碰触到干面粉。

最终发酵

16 将藤制发酵筐放入温度为32℃、湿度为70%的发酵箱中发酵，发酵时间为60分钟（F）。
※最终发酵时，如果发酵箱中的湿度过高，面团很容易黏到藤制发酵筐中。
※此阶段中，面团发酵不充分的话，烘烤时面团容易裂开。

烘烤

17 将藤制发酵筐翻过来，这样，面团就直接被移到滑动托布上了。
※移动面团的时候一定要注意，先检查一下面团有没有黏到藤制发酵筐上。如果面团黏到上面，在移动的时候可以轻轻抖动藤制发酵筐，使面团自行脱落。

18 在面团表面划上花纹（G）。
※划制花纹时要注意，应将刀子垂直放置，划出一条深5mm的口子。

19 将面团放入上火230℃、下火220℃的烤箱中，再喷入蒸汽，烘烤40分钟。烘烤5分钟后，将烤箱的换气口打开，排出烤箱中的气体后，继续烤制。

A

B

C

D

E

F

G

优格布洛特面包的横切面

　　由于面团加入的面粉较多，划制花纹时是可对面团中间部位划制的，烤制后的面团其横切面呈现较宽的枕形。面团的烤制时间较长，面包皮较厚，面包心中分布着大小不一的椭圆形气泡。

11

自家发酵面包

葡萄干发酵种

制作葡萄干发酵种时，首先需要将葡萄干与水混合在一起制作培养液（起种），然后再加入面粉并将其揉和成面团（续种），一般来说，此时制作出的面团才算是种面团。

很早以前，人们就将用于酿酒的葡萄晒成葡萄干，由于这种葡萄表面附着着很多酵母菌，发酵能力较强，因此是制作自家发酵面包起种的理想食材。

制作葡萄干发酵种的注意事项

葡萄干一年四季都能购买到，其发酵能力比较稳定，是自家发酵面包起种阶段最常用到的食材。葡萄干中含有大量的果糖，在发酵阶段能够为酵母菌提供充足的营养来源，促进酵母菌的增殖，从而提高了面团的发酵能力。制作发酵种最重要的一点是在最初的培养液阶段是否对其进行了充分发泡。制好的培养液可在冰箱冷藏保存一周左右。

培养液

食材	重量(g)
加利福尼亚葡萄干	500
水	2500
合计	3000

食材的混合	将葡萄干与水混合在一起
培养、发酵	25~28℃ 60~72小时 1天内搅拌2次

食材的混合

1 将美国加利福尼亚葡萄干和水加到容器中，充分混合（A）。
※此阶段是为了溶解附着在葡萄干表面的酵母菌，因此无需事先将葡萄干洗干净。

2 盖上塑料薄膜，用细棍将薄膜上方弄出几个小眼，方便容器与外界进行空气交换（B）。
※为防止异物掉入容器中，要将容器口用塑料薄膜盖住，但酵母菌的发酵又需要氧气，因此要在塑料薄膜上弄出几个小眼。

培养、发酵

3 将容器放入温度为25~28℃的发酵箱中60~72小时。放置过程中要每天搅拌2次，使容器中混入新的空气，促进酵母菌的增殖和发酵（C）。
※培养、发酵阶段所花的时间会因葡萄干种类的不同而有所不同。

4 搅拌溶液，使其呈现出泡沫的状态（D）。

5 过滤溶液，除去溶液中的葡萄干（E）。

6 图中为制作好的葡萄干培养液（F）。
※将培养液倒入带盖的容器中放入冰箱冷藏，在这种状态下，溶液大约能保存一周。由于培养液已被搅拌至打泡，因此，在存放过程中每天至少要打开容器盖一次，排出容器中的气体。

自制酵母面团第一天

食材	重量(g)
法式面包专用粉	1000
培养液	650
合计	1650

搅拌	立式搅拌机 1挡3分钟 2挡2分钟 搅拌的温度为25℃
发酵	24小时 20~25℃ 75%

搅拌

7 将全部食材放入搅拌机中，用1挡搅拌3分钟，并确认面团的搅拌状态（G）。

8 搅拌机调至2挡，搅拌2分钟，并确认面团的搅拌状态（H）。
※此时各种食材已搅拌均匀，面团被搅拌成一团。由于面团质地较硬，拉抻时面团很容易断裂。

9 将面团从搅拌机中取出，对其进行整理（I）。
※由于面团的质地较硬，对面团进行整理时要在工作台上操作。

10 将面团放入发酵盒中（J）。
※搅拌好面团的温度为25℃。

发酵

11 将发酵盒放入温度为20~28℃、湿度为75%的发酵箱中发酵，发酵时间为24小时（K）。
※此阶段要将面团发酵至充分膨胀。

自制酵母面团第二天

食材	重量(g)
法式面包专用粉	1000
第一天的自制酵母面团	800
水	600
合计	2400

搅拌	立式搅拌机 1挡3分钟 2挡2分钟 搅拌好的温度为25℃
发酵	24小时 20~25℃ 75%

搅拌

12 将全部食材放入搅拌机中，用1挡搅拌3分钟，并确认面团的搅拌状态（L）。

13 搅拌机调至2挡，搅拌2分钟，并确认面团的搅拌状态（M）。
※此时各种食材已搅拌均匀，面团被搅拌成一团。由于黏性较差，拉抻时面团容易断裂。

14 将面团从搅拌机中取出，整理之后将其放入发酵盒中（N）。
※搅拌好面团的温度为25℃。

发酵

15 将发酵盒放入温度为20~25℃、湿度为75%的发酵箱中发酵，发酵时间为24小时（O）。
※此阶段要将面团发酵至充分膨胀。

自制酵母面团第三天以后

食材	重量(g)
法式面包专用粉	1000
前一天的自制酵母面团	800
水	600
合计	2400

搅拌、发酵	重复自制酵母面团第二天中的操作步骤2~3次

搅拌、发酵

16 重复2~3次"自制酵母面团第二天"中的操作步骤12~15。图中为第三天最终发酵后的面团。

苹果发酵种

从8000多年前一直培育至今的苹果，既是可口的美味水果，经过煮制、烤制后它更是美味无比的食材。用苹果发酵种制作出的面包，具有一种独特的酸甜口感，令人回味无穷。

可以说，苹果与葡萄干并驾齐驱，被称为自制发酵种的"双璧"。制作发酵种时是将苹果弄碎与水混合在一起，发酵、起种的。

制作苹果发酵种的注意事项

采用生苹果制作的发酵种与P220的葡萄干发酵种相比，其发酵能力稍微弱一些，而且这种发酵种不太稳定，发酵出的面团容易变塌。调制面团的时候要添加适量食盐，使面团变得紧实些。食盐还具有抑制酵母菌发酵的作用，通过加入食盐来抑制其他种类细菌的滋生，从而使面团中酵母菌的活性变得更加稳定，这也是苹果发酵种中加入食盐的重要原因。一般来说，选用无农药或低农药含量的苹果发酵种的制作，效果比较好。如果发酵种中二氧化碳的生成速度较慢，可适量添加蜂蜜，为酵母菌的发酵提供养分来源。

培养液

食材	重量(g)
苹果	500
水	2500
合计	3000

食材的 混合	将苹果与水混合 在一起
培养、发酵	25~28℃ 60~72小时 1天内搅拌2次

食材的混合

1 将苹果去核，带皮切碎后放入搅拌机或果汁机中搅拌一下（A）

2 将搅拌后的苹果与水混合加到容器中，充分搅拌（B）。

3 容器盖上塑料薄膜，用细棍将薄膜弄出几个小眼，方便容器与外界进行空气交换（C）。
※为防止异物掉入容器中，要将容器口用塑料薄膜盖住，但酵母菌的发酵又需要氧气，因此要在塑料薄膜上弄出几个小眼。

培养、发酵

4 将容器放入温度为25~28℃的发酵箱中60~72小时。放置过程中要每天搅拌2次，使容器中混入新的空气，促进酵母菌的增殖和发酵（D）。
※培养、发酵阶段所花费的时间会因选用苹果种类的不同而有所不同。

5 搅拌溶液，使其呈现出打泡的状态（E）。

6 过滤溶液，除去溶液中的苹果渣（F）。

7 图中为制作好的苹果培养液（G）。
※将培养液倒在带盖的容器中放入冰箱冷藏，在这种状态下，溶液能保存4~5天。由于培养液已被搅拌至出泡沫，因此，在存放过程中每天至少要打开容器盖一次，排出容器中的气体。

自制酵母面团第一天

食材	重量(g)
法式面包专用粉	1000
培养液	650
合计	1650

搅拌	立式搅拌机 1挡3分钟 2挡2分钟 搅拌好的温度为25℃
发酵	24小时 20~25℃ 75%

搅拌

8 将全部食材放入搅拌机中，用1挡搅拌3分钟（H）。

9 搅拌机调至2挡，搅拌2分钟（I）。
※此时各种食材已被搅拌均匀，成为一团。由于面团质地较硬，拉抻时面团很容易断裂。

10 将面团从搅拌机中取出并整理。将整理好的面团放入发酵盒中（J）。
※搅拌好面团的温度为25℃。

发酵

11 将发酵盒放入温度为20~25℃、湿度为75%的发酵箱中发酵，发酵时间为24小时（K）。
※此阶段要将面团发酵至充分膨胀。

自制酵母面团第二天

食材	重量(g)
法式面包专用粉	500
第一天的自制酵母面团	825
食盐	20
水	325
合计	1670

搅拌	立式搅拌机 1挡3分钟 2挡2分钟 搅拌好的面团温度为25℃
发酵	24小时 20~25℃ 75%

搅拌

12 将全部食材放入搅拌机中，用1挡搅拌3分钟（L）。

13 搅拌机调至2挡，搅拌2分钟（M）。
※此时各种食材已被搅拌均匀，面团黏性较差，表面较为黏糊，拉抻时面团很容易断裂。

14 将面团从搅拌机中取出，整理之后将其放入发酵盒中（N）。
※搅拌好面团的温度为25℃。

发酵

15 将发酵盒放入温度为20~25℃、湿度为75%的发酵箱中发酵，发酵时间为24小时（O）。
※此阶段要将面团发酵至充分膨胀。

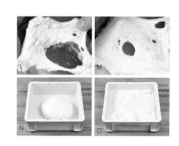

自制酵母面团第三天

食材	重量(g)
法式面包专用粉	500
第二天的自制酵母面团	835
食盐	10
水	325
合计	1670

搅拌	立式搅拌机 1挡3分钟 2挡2分钟 搅拌好的温度为25℃
发酵	24小时 20~25℃ 75%

搅拌

16 将全部食材放入搅拌机中，用1挡搅拌3分钟（P）。

17 搅拌机调至2挡，搅拌2分钟（Q）。
※此时各种食材已搅拌均匀，面团黏性较差，表面较为黏糊，拉抻时面团很容易断裂。

18 将面团从搅拌机中取出，整理之后将其放入发酵盒中（R）。
※搅拌好面团的温度为25℃。

发酵

19 将发酵盒放入温度为20~25℃、湿度为75%的发酵箱中发酵，发酵时间为24小时（S）。
※此阶段要将面团发酵至充分膨胀。

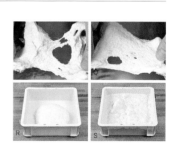

自制酵母面团第四天以后

食材	重量(g)
法式面包专用粉	500
前一天的自制酵母面团	835
食盐	10
水	325
合计	1670

搅拌·发酵	重复自制酵母面团第二天中的操作步骤2~3次

搅拌、发酵

20 重复2~3次"自制酵母面团第三天"中的操作步骤16~19。

酸奶发酵种

由于酸奶含有大量的活性乳酸菌，可用来自制酵母种，既安全又稳定，是优良的发酵种食材。由于面团的制作过程是利用酸奶中含有的乳酸菌发酵生成乳酸对面团进行发酵的，因此面团会有酸味。这种乳酸菌的活性比酵母菌的活性要大些，因此面团的发酵以及发酵种的制作较为迅速，是一种无需续种、在短时间内就能完成的发酵种类型。

制作酸奶发酵种的注意事项

选用的酸奶可以是任意品牌，但是需要注意两点：①必须使用原味酸奶；②需要冷藏保存的酸奶一定是要在保质期之内。一般来说，每100g原味酸奶中会含有100亿个以上的乳酸菌，与其他自制发酵种相比，酸奶发酵种能够在短时间内完成发酵种的发酵。其发酵能力较强，无需续种，从培养液到自制酵母种，短时间内就能完成种面团的制作。

培养液

食材	重量(g)
原味酸奶	500
水	1500
合计	2000

食材的混合	将酸奶与水混合在一起
培养、发酵	25~28℃ 60~72小时 1天内搅拌2次

※将培养液倒入带盖的容器中后放入冰箱冷藏，在这种状态下，溶液能保存4~5天。由于培养液已被搅拌至打泡，因此在存放过程中要至少每天一次打开容器盖，排出容器中的气体。

食材的混合

1 将酸奶与水混合到一起（A）。

2 容器盖上塑料薄膜，用细棍将薄膜弄出几个小眼，方便容器与外界进行空气交换（B）。

培养、发酵

3 将容器放入温度为25~28℃的发酵箱中60~72小时。放置过程中要每天搅拌2次，使容器中混入新的空气，促进乳酸菌的增殖和发酵（C）。
※培养、发酵阶段所花的时间会因酸奶的不同而有所不同。

4 搅拌溶液，使其呈现出打泡的状态（D）。

5 图中为制作好的酸奶培养液（E）。

发酵之前｜72小时之后

自制酵母面团

食材	重量(g)
法式面包专用粉	500
培养液	325
合计	825

搅拌	立式搅拌机 1挡3分钟 2挡2分钟 搅拌好的温度为25℃
发酵	16小时 20~25℃ 75%

6 将全部食材放入搅拌机中，用1挡搅拌3分钟（F）。

7 搅拌机调至2挡，搅拌2分钟（G）。
※此时各种食材已被搅拌均匀，面团被搅拌成一团。由于面团质地较硬，拉抻时面团很容易断裂。

8 将面团从搅拌机中取出，对其进行整理。将整理好的面团放入碗中（H）。
※搅拌好面团的温度为25℃。

发酵

9 将发酵盒放入温度为20~25℃、湿度为75%的发酵箱中发酵，发酵时间为16小时（I）。
※此阶段要将面团发酵至充分膨胀。

使用葡萄干发酵种的天然酵母麦麸面包

Pain au levain

　　Pain au levain最初是指用面粉、自制酵母种制作成的面包种类，现在则是指利用其他自制酵母或工业制酵母制成的法式硬面包和半硬面包的总称。因此，面包的种类和发酵种的种类也是多种多样的，制作出的面包也种类繁多。这里介绍的是利用葡萄干发酵种制作出的面包种类。

制作方法　间接发酵法（自制酵母种法）
食材　准备3kg（16个的分量）

	比例(%)	重量(g)
●种面团		
法式面包专用粉	100.0	2000
葡萄干发酵种（P220）	20.0	400
食盐	2.0	40
水	65.0	1300
合计	187.0	3740
●主面团		
法式面包专用粉	100.0	3000
种面团	100.0	3000
食盐	2.0	60
麦芽提取物	0.5	15
水	75.0	2250
合计	277.5	8325
法式面包专用粉		适量

种面团的搅拌	立式搅拌机 1挡3分钟 2挡2分钟 搅拌完温度为25℃
发酵	15小时（±3小时） 20~25℃ 75%
发酵主面团的搅拌	自动螺旋式搅拌机 1挡5分钟 2挡3分钟 搅拌完温度为25℃
发酵	180分钟（90分钟时拍打） 26~28℃ 75%
分割	500g
中间醒发	30分钟
成型	棒状（40cm）
最终发酵	50分钟 32℃ 70%
烘烤	撒上法式面包专用粉、划上花纹 30分钟 上火240℃ 下火230℃ 喷入蒸汽

种面团的搅拌

1 将种面团所需全部食材倒入搅拌机中，用1挡搅拌3分钟，边搅拌边确认面团的搅拌状态。

※此时，面团的黏性较差，轻轻一拉，面团就会断裂，而且面团表面较为黏糊。

2 将搅拌机调至2挡，搅拌2分钟，确认面团的搅拌状态。

※此时，面团中全部食材已混合均匀，面团被搅拌成一个整体，但面团不易被拉抻。

3 将面团整理平整、表面圆鼓之后，放入发酵盒中。

※揉和好面团的温度以25℃为最佳。

发 酵

4 将发酵盒放入温度为20～25℃、湿度为75%的发酵箱中发酵，发酵时间为15小时。

※一般来说，种面团的发酵时间为15小时，具体可根据实际情况调整，但基本上以12～18小时为最佳。

主面团的搅拌

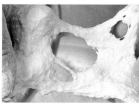

5 将主面团所需的全部食材放入搅拌机中，用1挡搅拌5分钟。搅拌过程中，取部分面团拉抻，确认其搅拌状态。

※此时，面团表面较为黏糊，面团的黏性仍然较差，慢慢用力拉抻，面团很容易断裂。

6 将搅拌机调整至2挡，搅拌3分钟，边搅拌边确认面团的搅拌状态。

※此时，面团的黏性有所增强，但仍然不易被拉抻，面团凹凸不平，表面较为黏糊。

7 将面团整理一下，使其表面呈现较为圆鼓的状态，将整理好的面团放入发酵盒中。

※揉和好面团的温度以25℃为最佳。

发 酵

8 将发酵盒放入温度为26～28℃、湿度为75%的发酵箱中发酵，发酵时间为90分钟。

拍 打

9 从左、右分别将面团折叠过来，以稍低力度拍打面团（P39）。将拍打后的面团放入发酵盒。

※这种面团的膨胀能力较弱，以稍低力度拍打，以免使面团中的气体排尽，导致面团不容易膨胀起来，发酵不充分。

发 酵

10 将发酵盒放入发酵箱中，采用同样的发酵条件将面团发酵90分钟。

※此阶段要对面团充分发酵，使其膨胀起来。

分割、滚圆

11 将发酵好的面团放到工作台上，分割成500g的块状。

12 将小面团轻轻滚圆。

滚圆之前　　滚圆之后

13 将面团摆到铺有白布的搁板上。

中间醒发

14 将整理好的面团放入发酵箱中，采用同样的发酵条件将面团醒发30分钟。
※在面团开始失去弹性之前，对其充分醒发。

成型

15 用手掌按压面团，排出面团中的气体。

16 将面团较为平整的一面向下放置，从面团一侧将其弯折1/3，用掌跟部位将面团边缘按压到面团上。

17 将面团旋转180°，采用同样的方法将面团弯折1/3，并将其边缘黏到面团上。

18 从一侧将面团对折，并将面团边缘位置黏合在一起。
※此时注意不要将面团的气体排尽。由于面团的发酵能力较弱，气体排尽后面团不容易膨胀起来，会影响烘烤后面包的造型。

19 一边从上向下用力按压一边转动面团，将其整理成两端稍细、长40cm的棒状。

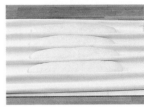

20 将白布铺在搁板上，白布整理出褶皱。将面团捏合部位向下，放置于铺有白布的搁板上。
※面团捏合部位向下，烤制时面团不容易裂开。
※白布褶皱与面团之间要留出一指空隙。

最终发酵

21 将面团放入温度为32℃、湿度为70%的发酵箱中发酵50分钟。
※此时面团充分发酵，直至面团变软、变松。以用手指按压面团会留下指痕为宜。

烘烤

22 用长板将面团移动到高位托板上。撒上适量法式面包专用粉，用刀片在面团表面划出3条纹路。
※烤制之后，干面粉会成为面包表面的花纹，要薄薄撒上一层，并且覆盖面包表面。
※划制花纹的时候要注意，应将刀片倾斜放置，浅浅地划上几条。

23 将面团放入上火240℃、下火230℃的烤箱中，再喷入蒸汽，烘烤30分钟。

天然酵母麸皮面包的横切面

面团揉和好之后发酵时间为4.5小时左右，因此面团中含有的气体较多。另外，由于该种面团较为柔软、延展性较好，进行长时间烘烤之后，面包皮较厚，面包心中含有较多大气泡。

使用苹果发酵种的苹果酵母面包

Pain aux pommes

在法语中Pain aux pommes是"苹果面包"的意思，这是一种具有独创性的面包类型。在面粉中混合全麦粉和黑麦粉，使用自制苹果酵母种，再混合入半干的苹果干，经过发酵烤制等，这种半硬的苹果面包就做好了。

香喷喷的面包皮，酥脆的口感，再加上苹果淡淡的酸甜口味，那美味简直无法用言语形容。

制作方法	间接发酵法（自制酵母种法）
食材	准备3kg（16个的分量）

	比例(%)	重量(g)
●种面团		
法式面包专用粉	100.0	1000
苹果发酵种（P222）	167.0	1670
食盐	2.0	20
水	65.0	650
合计	334.0	3340
●主面团		
法式面包专用粉	80.0	2400
黑麦粉	10.0	300
全麦粉	10.0	300
种面团	100.0	3000
食盐	2.0	60
黄油	3.0	90
麦芽提取物	0.6	18
水	70.0	2100
半干苹果干[※]	60.0	1800
合计	335.6	10068
法式面包专用粉		适量

[※] 将苹果去核后切成2cm宽小块，放入温度为100℃的烤箱中烤制干燥8小时后得到的苹果干（请参照下一页步骤7中的图片）。

种面团的搅拌	立式搅拌机 1挡3分钟 2挡2分钟 搅拌完温度为25℃
发酵	15小时（±3小时） 20~25℃ 75%
发酵主面团的搅拌	自动螺旋式搅拌机 1挡5分钟 2挡2分钟 搅拌完的温度为25℃
发酵	180分钟（120分钟时拍打） 26~28℃ 75%
分割	600g
中间醒发	30分钟
成型	球形
最终发酵	60分钟 32℃ 70%
烘烤	划上花纹 35分钟 上火240℃ 下火215℃ 喷入蒸汽

准备工作

·在藤制发酵筐（口径23cm）中撒上适量法式面包专用粉。

种面团的搅拌

1 将种面团所需全部食材倒入搅拌机中，用1挡搅拌3分钟，搅拌过程中要确认面团的搅拌状态。
※此时，面团的黏性较差，轻轻一拉，面团就会断裂，而且面团表面非常黏糊。

2 搅拌机调至2挡，搅拌2分钟，并确认面团的搅拌状态。
※此时，面团表面仍然很黏糊。由于面团较为柔软，拉抻时面团很容易断裂，并且面团会有凹凸不平之感。

3 将面团整理平整、表面圆鼓之后，放入发酵盒中。
※揉和好面团的温度以25℃为最佳。

发 酵

4 将发酵盒放入温度为20~25℃、湿度为75%的发酵箱中发酵，发酵时间为15小时。
※一般来说，种面团的发酵时间为15小时，具体可根据实际情况调整，但基本上以12~18小时为最佳。

主面团的搅拌

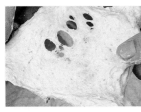

5 将除半干苹果之外主面团所需的全部食材放入搅拌机中，用1挡搅拌5分钟。搅拌过程中，取部分面团拉抻，确认面团的搅拌状态。
※此时，面团表面较为黏糊，面团的黏性仍然较差，慢慢用力拉抻，面团很容易断裂。

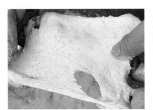

6 搅拌机调整至2挡，搅拌2分钟，搅拌过程中要确认面团的搅拌状态。
※此时，面团的黏性有所增强，不能被拉抻变薄，面团表面凹凸不平。

7 将半干苹果加到搅拌机中，用1挡搅拌。
※将苹果搅拌至均匀分布，搅拌就完成了。

8 将面团整理一下，使其表面呈现较为圆鼓的状态，将整理好的面团放入发酵盒中。
※揉和好面团的温度以25℃为最佳。

发 酵

9 将发酵盒放入温度为26~28℃、湿度为75%的发酵箱中发酵，发酵时间为120分钟。

拍 打

10 从左、右分别将面团折叠过来，以"稍低强度拍打"面包（P39）。将拍打后的面团放入发酵盒中。
※这种面团的膨胀能力较弱，因此不要将面团中的气体排尽而导致面团不容易膨胀起来，发酵不充分。

发 酵

11 将发酵盒放入发酵箱中，采用同样的发酵条件将面团发酵60分钟。
※此阶段要对面团充分发酵，使其膨胀起来。

分割、滚圆

12 将发酵好的面团放到工作台上，分割成600g的块状。

13 将面团轻轻滚圆。

滚圆之前　　　滚圆之后

14 将面团摆到铺有白布的搁板上。

中间醒发

15 将整理好的面团放入发酵箱中，采用同样的发酵条件将面团醒发30分钟。
※在面团开始失去弹性之前，对其充分醒发。

成型

16 将面团较为平整的一面向下放置，将面团底部捏合到一起。

17 将面团捏合部位向上放入藤制发酵筐中。
※撒在藤制发酵筐周围的面粉容易掉落，因此放入面团的时候要防止手碰触到干面粉。

最终发酵

18 将面团放入温度为32℃、湿度为70%的发酵箱中发酵60分钟。
※最终发酵时，如果发酵箱中的湿度过高，面团很容易黏到藤制发酵筐上。
※面团发酵不充分的话，烘烤时面团容易裂开。

烘 烤

19 将藤制发酵筐翻过来，这样，面团直接被移到滑动托布上了。用刀片在面团表面划出井字花纹。
※移动面团的时候一定要注意，先检查一下面团有没有黏到发酵筐上。如果面团黏在上面，在移动的时候就要轻轻抖动藤制发酵筐，使面团自行脱落。
※划制花纹的时候要注意，应将刀片垂直于面团表面划上几条花纹。

20 将面团放入上火240℃、下火215℃的烤箱中，再喷入蒸汽，烘烤35分钟。

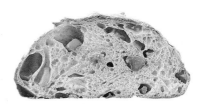

苹果酵母面包的横切面

苹果酵母面包与天然酵母麦麸面包（P226）一样，都是将经过长时间发酵的软面团在高温条件下烘烤而成的。但苹果发酵种的发酵能力较差，面包心中的大气泡较少，多为较为细小的气泡。

使用酸奶发酵种的潘纳多妮面包

Panettone

　　不仅在意大利，在世界范围内都深受欢迎的潘纳多妮面包是在加入砂糖、鸡蛋和黄油的面团中加入各种干果的米兰传统圣诞节水果面包。在意大利的一些招牌传统店里，人们甚至几十年一直延续使用着之前的发酵种。

　　每到11月份，街道里的面包店和大牌甜品店总会摆出各种丰富多样的面包进行销售，那场面着实壮观。

制作方法	间接发酵法（自制酵母种法）
食材	准备3kg（13个的分量）

	重量(g)
●种面团1	
法式面包专用粉	400
酸奶发酵种（P225）	400
砂糖	40
脱脂奶粉	20
黄油	60
蛋黄	40
水	300
合计	1260
●种面团2	
法式面包专用粉	600
种面团1	1260
砂糖	100
脱脂奶粉	20
黄油	140
蛋黄	60
水	300
合计	2480
●主面团	
法式面包专用粉	1000
种面团2	2400
砂糖	350
食盐	30
脱脂奶粉	40
香草种	1根的分量
黄油	600
蛋黄	400
水	450
无核葡萄干	800
陈皮	200
合计	6270
●蛋白杏仁球面团（13个的分量）	
杏仁粉	250
砂糖	250
蛋白	300
粉砂糖	适量

种面团1的搅拌	立式搅拌机 1挡3分钟 2挡3分钟 搅拌完的温度为28℃
发酵	8小时 28～30℃ 75%
种面团2的搅拌	立式搅拌机 1挡3分钟 2挡3分钟 搅拌完的温度为20℃
发酵	16小时 20～25℃ 75%
主面团的搅拌	立式搅拌机 1挡6分钟 2挡3分钟 3挡3分钟 油脂 2挡6分钟 3挡4分钟 加入水果 2挡2分钟 搅拌完的温度为26℃
发酵	40分钟 28～30℃ 75%
分割	480g
成型	球形（纸托形状，直径18cm）
最终发酵	150分钟 32℃ 75%
烘烤	涂抹蛋白杏仁面团、撒上粉砂糖 35分钟 上火180℃ 下火160℃ 用铁钎子穿起来、将烤好的翻过来进行冷却

准备工作

· 将主面团用的黄油从冰箱中取出，用擀面杖敲打，使其变软。

※由于长时间的搅拌，面团的温度容易上升，因此使用的黄油要保持较低的温度和较柔软的状态。

· 将无核葡萄干用温水洗一下，用笊篱捞出后沥干水分。

· 陈皮也用温水洗一下，沥干水分，切细丝。

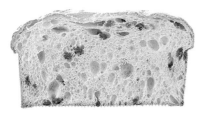

潘纳多妮面包的横切面

由于面包是将面团放入圆筒状纸托中烤制而成的，面包上面膨松，下面较为平整，酷似蘑菇的形状，整个呈现具有光泽的金黄色。面包心中分布着大小不一的各种气泡，干果均匀分布于面包中。

种面团1的搅拌

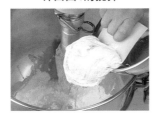

1 将种面团1所需的全部食材放入搅拌机中，用1挡搅拌。

※由于酵母种的发酵能力较弱，要将各种辅料（砂糖、黄油、蛋黄等）分3次慢慢加入并搅拌，这样能够使酵母种逐渐适应含有较多食材的面团。

2 搅拌至3分钟后，确认面团的搅拌状态。

※此时的面团较为柔软，面团表面凹凸不平，黏性较差。

3 搅拌机调至2挡，搅拌3分钟，并确认面团的搅拌状态。

※此时，面团虽已被搅拌均匀，但面团的黏性较差，仍会有凹凸不平之感。

4 将面团整理一下，使其表面呈现圆鼓状。整理好的面团放入发酵盒中。

※搅拌好面团的温度为28℃。

发 酵

5 将发酵盒放入温度为28～30℃、湿度为75%的发酵箱中发酵，发酵时间为8小时。

种面团2的搅拌

6 将种面团2所需的全部食材放入搅拌机中，用1挡搅拌。

※继续加入部分辅料，使酵母适应面团的状态。

7 搅拌至3分钟后，确认面团的搅拌状态。

※轻轻拉抻面团，虽然面团表面仍会凹凸不平，但面团已慢慢开始具有一定的黏性。

13 搅拌机调至3挡，搅拌3分钟，确认面团的搅拌状态。

※此时，面团变得更加光滑，稍微有点凹凸不平，拉抻时面团能够被拉抻变薄。

8 搅拌机调至2挡，搅拌3分钟，并确认面团的搅拌状态。

※此时，团团虽已被搅拌光滑，但拉抻时，面团不会被拉抻很薄，很快就会破裂。

14 加入黄油后，搅拌机调至2挡，搅拌6分钟，确认面团的搅拌状态。

※由于加入了大量的黄油，面团的黏性变弱，拉抻时，面团很快就会断裂，随着黄油逐渐被搅拌均匀，面团也变得更加光滑，拉抻时也能够变薄。

9 将面团整理一下，使其表面呈现圆鼓状。整理好的面团放入发酵盒中。

※搅拌好面团的温度为20℃。

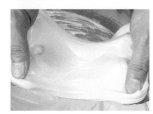

15 搅拌机调至3挡，搅拌4分钟，确认面团的搅拌状态。

※此时，面团变得柔软、更加光滑，拉抻时能够被拉成很薄。

发 酵

10 将发酵盒放入温度为20～25℃、湿度为75%的发酵箱中发酵，发酵时间为16小时。

16 向搅拌机中加入洗净的葡萄干和陈皮，用2挡搅拌一下。

※当搅拌至食材均匀分布时，即搅拌完成。

主面团的搅拌

11 将除黄油和水果以外主面团所需的全部食材放入搅拌机中，用1挡搅拌6分钟。搅拌过程中，取出部分面团拉抻，确认其搅拌状态。

※此时，面团十分柔软，很黏糊。面团几乎没有黏性。

17 将面团整理一下，使其表面呈现圆鼓状。整理好的面团放入发酵盒中。

※搅拌好面团的温度为26℃。

发 酵

12 搅拌机调至2挡，搅拌3分钟，并确认面团的搅拌状态。

※此时，面团虽然仍很黏糊，但已开始具备一定的黏性。拉抻时，面团会有凹凸不平之感，但面团能够被拉薄。

18 将发酵盒放入温度为28～30℃、湿度为75%的发酵箱中发酵，发酵时间为40分钟。

※此时，面团表面没有那么黏糊，用手指按压面团能恢复原状，这就证明面团已发酵充分了。

分割、成型

19 将面团取出后置于工作台上，分割成480g的块状。

20 将面团充分滚圆。

滚圆之前　　滚圆之后

21 将面团底部捏合到一起，捏合部位向下放入纸托中。

最终发酵

22 将面团放入温度为32℃、湿度为75%的发酵箱中发酵，发酵时间为150分钟。
※此时面团充分发酵，以用手指按压能留下指痕为宜。

蛋白杏仁面团

23 在面团最终发酵的时候制作蛋白杏仁面团。将砂糖和杏仁粉混合到一起，用筛子筛一下。

24 将蛋白加到里面，用打蛋器对其充分搅拌，直至将食材搅拌光滑为止。

25 在经过最终发酵的面团上用毛刷涂抹上蛋白杏仁面糊。
※涂抹面糊的时候注意不要将下面的面团弄碎。

26 在面团上方撒上大量粉砂糖，将处理好的面团放到烤盘上。
※面包表面要撒上厚厚的一层粉砂糖，撒至完全看不到面团为止。粉砂糖被湿面团融化后也要继续撒，直至露出白色为止。

27 将面团放入上火180℃、下火160℃的烤箱中，再喷入蒸汽，烘烤35分钟。烤好之后，趁热在面包底部穿上2根铁钎子。

28 将面包倒置于架子上，彻底冷却。
※由于面团是将较为柔软的面团充分发酵后烤制而成的，向上放置冷却能够防止面包上部在重力的作用下凹陷，保持面包较为美观的外形。

本书中使用到的主要食材

面团用面粉种类

黑麦粉

全麦粉　普通面粉

普通面粉

最具代表性的就是高筋面和法式面包专用粉。法式面包专用粉是指为制作法式面包而专门开发出的面粉种类。这种面粉的蛋白质含量与法国面粉很相近，面粉性质处于高筋面和中筋面之间。一般的面粉是将小麦粒中间的部分磨成粉末制成的，而全麦粉则是将整粒小麦连同麦麸一起磨碎制成的。

黑麦粉

黑麦中含有的蛋白质无法形成面筋，因此用这种面粉做出的面包通常较重，面包心较为密实。黑麦粉主要用于德国和北欧系，选用酸面团作为发酵种面包的制作。

硬粒小麦粉

硬粒小麦粉通常是作为意大利面的原料而被人们所熟知。面粉颜色微微泛黄，主要用于西西里面包（P88）的制作。

除面团之外会使用到的粉状物

玉米淀粉

是用玉米制作成的淀粉。用于撒在皇冠赛门餐包（P72）的表面。

玉米碴

将玉米粒磨成的粗粉。主要用于撒在英式玛芬面包（P196）的表面。

优质糯米粉

将粳米洗净，经干燥处理后制成。主要用于脆皮虎皮面包（P104）的虎皮面糊。

食盐

精盐

精盐中氯化钠的含量较高，与盐卤等矿物质含量较多的食盐相比，精盐中氯化钠的含量要高出10%以上，加入到面团中时要注意用量的把握。本书中使用到的精盐其氯化钠含量为98%左右。

酵母

鲜酵母

高活性干酵母　干酵母

鲜酵母

将面包用酵母经提纯培养后压缩制成。使用时需要将其先溶于水。

干酵母

将鲜酵母经干燥处理后制成的粒状酵母。使用时需将其溶入5~6倍重量的温水中预备发酵（本书中没有使用）。

高活性干酵母

将酵母直接加工成容易分散型，是一种可以直接加到面粉中的干酵母。干活性干酵母比干酵母的颗粒更细。适合用于无糖面团和有糖面团，分为添加维生素C和不添加维生素C等几种类型。

粗盐

在点缀糕点等的时候通常要使用到颗粒较大的粗盐（结晶较大的岩盐等）。

细砂糖　粗砂糖

细砂糖

细砂糖以纯度较高、清爽的甘甜口感为主要特征。本书食材中的砂糖，都是颗粒较小的细砂糖。颗粒较粗的砂糖主要用于菠萝面包（P126）等的点缀。

绵白糖

与细砂糖相比，绵白糖的保湿效果更胜一筹，主要用于点心面包（P126）、小甜面包等。

小糖块

颗粒较大，用烤箱加热也很难融化，主要用于辫子面包（P120）的点缀。

粉砂糖

将细砂糖粉碎后制成的砂糖粉末，主要用于撒在刚出炉的面包上。

油脂 ————

起酥油

起酥油是以动物、植物油脂为原料加工制成的。由于它无色无味，加到面团里也不会给面包增加特殊气味。本书中主要将其用于涂抹发酵盒和模具以及炸制用油等。

黄油

本书中选用的一律为不添加食盐的黄油。

橄榄油

由于橄榄油具有特殊的香味，通常会被用到意式风味派（P102）等意式面包中。

猪油

猪油是将猪肉脂肪精炼后制成的油脂种类。本书中主要用于脆皮虎皮面包（P104）的虎皮面糊。

鸡蛋、奶制品以及其他 ————

鸡蛋

将蛋黄和蛋白分开进行称量时，鸡蛋大小的不同，蛋白和蛋黄的比例也有所差异。

脱脂奶粉

脱脂奶粉是将脱脂奶制成的粉末。与牛奶相比，脱脂奶粉更易于保存，也更加便宜。

炼乳

炼乳主要用于点心面包（P126）的面团。

麦芽提取物

用麦芽糖煮制出的浓郁糖汁，也被叫做麦芽糖浆。由于麦芽提取物中含有淀粉分解酶，将其加到面团后，小麦中含有的淀粉就被分解成糖，为酵母菌的发酵提供营养，促进酵母菌的活动。多用于含糖量较少的硬面包。

其他

巧克力

将甜巧克力（左）切碎，主要用于面包夹心中。法式巧克力面包（P170）中使用的巧克力（右）经过特殊加工，经过高温烘烤也很难融化。

氢氧化钠（苛性钠）

氢氧化钠是一种结晶状化合物。本书中，将溶于水中的碱性溶液用于德国碱水扭花面包的制作。氢氧化钠为烈性品，对其进行处理时都要戴上橡胶手套。

坚果和种子

杏仁

将带皮的杏仁（左）切碎后，主要用于点缀和面包夹心。杏仁薄片（中）主要用于点缀，杏仁粉末（右）主要用于杏仁奶油（P143、176）夹心的制作。

杏仁软糖

将杏仁捣碎，加入白糖等食材搅拌制成。根据产地和品牌等的不同，杏仁和白糖的含量会有所差异。本书中主要用于有"杏仁软糖面包"之称的德国圣诞面包（P201）的制作。

核桃

将带皮核桃仁切碎之后掺在面团里。主要用于面包夹心的制作。

罂粟籽

罂粟籽有白色罂粟籽（左）和黑色罂粟籽（右）之分。主要用于点心的点缀等。

芝麻

有白芝麻和黑芝麻两种，主要用于点心的点缀。图中的白芝麻又被称作剥皮芝麻或磨皮芝麻，是剥去芝麻黑皮的类型。

水果加工品

加利福尼亚葡萄干

无核葡萄干　无核小粒葡萄干

葡萄干

葡萄干是将完全成熟的葡萄干燥后制成的。与褐色的加利福尼亚葡萄干相比，无核葡萄干的颜色更淡一些，味道也更甜些。无核小粒葡萄干又被叫做小粒葡萄干，其颗粒较小，呈黑色，酸味较重。制作面包时葡萄干的用法比较多，可以直接使用，可以浸泡在朗姆酒等洋酒中，也可以掺在面团中或夹在面包夹心里。

橙皮　　　　柚皮

橙皮、柚皮

此为糖渍橙皮与糖渍柚皮（用糖水煮制）。本书中将其切碎后直接混在面团中的。

杏仁果酱　　覆盆子果酱

果酱

杏肉果酱主要用于丹麦面包（P172）的制作。覆盆子果酱主要用于制作柏林人面包（P182）。

白兰地

  白兰地是将果实酒蒸馏之后制造出来的酒的总称。主要用于水果类的腌渍。

大马尼埃酒

  大马尼埃酒是一种橙皮利口酒，是用橙皮和科涅克白兰地制成的一种利口酒。主要用于水果类的腌渍。

朗姆酒

  朗姆酒是一种用甘蔗制成的蒸馏酒，用来腌渍水果时通常会选用褐色等颜色较深的类型。

调料和香料 ————————————————————————————————

香草荚

香草籽 香草精

香草

  香草是将兰科蔓状植物未成熟的果实发酵制成的。将香草荚弄开，里面挤满了许多小小的香草果实，将其取出时要将小籽刮出来。主要用于蛋黄奶油酱（P131、137）等的制作。香草精是将香草中的香味成分溶于酒精后制成的。

肉桂

  肉桂是将斯里兰卡肉桂干燥后制成的，具有特别的甘甜清香和刺激的辣味。本书中，主要将肉桂粉末用于面包夹心。

小豆蔻

  用作香料的小豆蔻是将豆蔻种子干燥后制成的。那淡淡的、具有刺激性的清爽清香就是其主要特征。本书中，主要将其淡绿色果实取出后制成粉末，用于丹麦面包（P172）的面团中。

肉豆蔻

  将肉豆蔻干燥后制成粉末状的，味道甘甜，稍有刺激性香味。主要用于面包夹心中。

制作面包时用到的机器

大型机器及其相关工具

立式搅拌机　　自动螺旋式搅拌机

自动螺旋式搅拌机

立式搅拌机

搅拌机

本书中主要用到的搅拌机有立式搅拌机和自动螺旋式搅拌机两种类型。自动螺旋式搅拌机叶片为钩形、螺旋状。主要用于较硬面团的搅拌。立式搅拌机的叶片虽呈钩形，却为直钩状，主要用于较软面团的搅拌。

桌面固定搅拌机

是一种小型搅拌机。在搅拌奶油时，将搅拌器换成打蛋器，可将奶油搅拌均匀。

发酵箱

发酵箱是一种在面团发酵时能够进行温度和湿度设定的发酵机器。图中发酵箱能够从冷冻到发酵整个温度变化进行设定温度控制器。

烤箱

用来烤制面包的烤箱通常都是可以同时进行上火和下火温度设定的，同时在发酵过程中根据不同需求可注入蒸汽。此外，烤箱上还带有换气口，在烘烤过程中可将烤箱中的蒸汽及时排出，对烤箱内部的空气进行适量调整。

长板
滑动托布

滑动托布、长板

滑动托布用来将直接烘烤的面团移动到烤箱中。事先将面团摆在滑动托布上，将其到烤箱中，稍微往前一推面团就会被移动到烤箱中了。在移动棒状面团时，为防止面团在移动过程中变形，要先用长板将面团移到滑动托布上。

烤盘

烘烤时，可将面团直接摆在烤盘上烘烤。烤盘上没有不粘涂层时需要事先涂抹适量油脂。

铲子

挂钩

刮铲

将面包从烤箱中取出时需要用到的工具

对于直接烘烤的面包类型，大型面包要选用刮铲将其取出，小型面包选用铲子比较合适，烤盘和模具等则适合选用挂钩。

架子

这是一种能够放置烤盘和凉盘的可移动式面包架。主要用于移动整理好的面团以及对面包冷却处理等。

工作台

　　对面团进行分割、滚圆等操作的台子。

压面机

　　将面团压薄的机器。能够调整需要压制面团的厚度。本书中主要用于牛角面包（P166）等面团的折叠以及德国碱水扭花面包（P190）等面团的压薄。

油炸锅

　　主要用于炸制面包圈、咖喱面包等。倒入适量食油就能进行炸制，并且保证油温被控制在一定的范围内。

中、小型工具

木板、白布

　　对面团进行醒发、发酵等的时候，都需要将面团摆在白布上。通常人们会将不掉毛的帆布等铺在木板上对面团进行醒发等操作。

发酵盒

　　本书中将用来发酵的盒子统称为发酵盒。发酵盒有不同的大小和深度，需要根据面团的大小来进行选择。有的发酵盒还带盖。也可以将烤好的面包凉透后放入发酵盒中保存。

擀面杖

　　擀制面团时用到的工具。可以根据面团的用量及其用途选择不同规格的擀面杖。

刮铲

卡片

卡片、刮铲

　　具有一定弹力的塑料卡片，根据其用途的不同可分为直线部分和曲线部分，使用时可根据需要选用。一般来说，其用途比较广泛，可用来切割面团、黄油，涂抹奶油，搅拌、刮除、移动面团等。带有把手的刮铲，多为不锈钢等金属制品，主要用来切割面团等。

打蛋器　刮刀

打蛋器、刮刀

　　打蛋器主要用于食材的搅拌和打泡等。刮刀除了可以用来搅拌之外，用橡胶等较为柔软食材制成的刮刀还能很好地将容器中残留的食材取下。也有用耐热性较好的硅胶制成的刮刀。

碗、平底盘、方平底盘

　　主要用于食材的准备、混合以及面团的发酵等。具有大小不同规格，使用时可根据需要选择。

中、小型工具

温度计

　主要用于水、面粉的温度以及面团揉和后温度的测量。

杆秤

　主要用于分割面团时对面团进行称量。在较平的一端放上面团，秤杆保持平衡的度数就是面团的重量。

秤

　面粉、水等用杆秤无法称量的食材要用电子秤、托盘天平等进行称量。对用量较少的食材进行称量时，需要选用以0.1g为单位的秤进行称量。

主食面包的模具

　模具分500克（左）、750克（右）等不同大小。在制作角形面包的时候需要选用加盖模具。

咕咕霍夫面包、布里欧面包用模具

　图中为具有斜状条纹的咕咕霍夫面包（P144）用模具以及布里欧面包（P133）用模具。

纸托、锡箔纸托

　纸托主要用于潘纳多妮面包（P232）的制作，锡箔纸托主要用于小甜面包（P141）的制作。

英式玛芬面包用模具

　图中为英式玛芬面包专用模具（P196）。将面团放入模具中，加盖烘烤就可以制作出美味的英式玛芬面包了。

圆形发酵筐

　在制作法式乡村面包（P59）等的时候，对面团发酵需要使用如图中铺上一层白布的藤制发酵筐。图中中间凸起的部位，主要用于对月牙形面团和皇冠型面团的发酵。

藤制发酵筐

　对德国黑麦面包等发酵时需要用到藤制发酵筐。此种发酵筐有各种不同的形状，可根据需要进行选用，使用之前一定要先撒上一层干面粉。

压制模具

　用来对面团按压，使其具有一定形状的模具。右边为皇冠赛门餐包（P72）专用模具，左边为芝麻餐包（P82）专用模具。

面包圈压制模具

　本书中将直径为3cm、8cm的模具组合在一起，用来压制面包圈（P178）的面团。

烘焙用纸

　烘烤时铺在烤盘上，用来防止弄脏烤盘以及面包烤焦情况的发生。主要用于法式葡萄干面包（P136）等夹心直接接触烤盘进行烤制的面包类型。

麻袋

　可将面粉装在麻袋里面，将面粉撒于面团上。通过麻袋，面粉就可以被均匀地撒到面团上了。

刷子

　用于扫去面团上的多余面粉。

毛刷

　对模具涂抹油脂、面包完成后涂抹果酱时，需要选用毛质较硬的毛刷（左），烘烤之前向面团涂抹蛋液时，则需要选用毛质较软的毛刷（右）。

划制花纹用刀、刀、剪子

主要用于对成型后面团表面进行花纹划制。划制花纹用刀主要用于在面团表面浅浅划上一下和垂直较深的花纹划制。刀主要用于较深切入时。剪刀主要用于穗状面包（P51）和牛奶餐包（P117）等的制作。

等间距划制器

5个齿轮之间能够进行等间距调整。本书中主要用于划制出等间隔的纹路，方便对面团进行等间距的切割。

刀

菜刀的刀刃较长，适合将弄薄的面团切开。小菜刀适合给面团划制花纹和切水果等的时候使用。锯齿刀适合切面包的时候用。

喷雾器

适用于在烘烤之前对面团以及烘烤之后对面包喷雾。

散热盘

可以将烤制好的面包放到上面冷却。

小铲子

在给点心面包（P126）和咖喱夹心面包（P185）塞馅的时候需要用到。

裱花袋、裱花头

裱花头要安装在裱花袋上面，在向面团上部、内部挤入奶油、果酱等的时候需要用到。裱花袋有塑料和防水布等不同种类。

筛子、茶滤

筛子主要用于筛面粉或者在成型后的面团上面筛上适量干粉造型时。在丹麦油酥点心面包（P172）等完成成型后撒上白砂糖时，需要用到茶滤。

主要食材一览表

面包种类	面包名(括号内为出现的页数)	制作方法	使用的面粉					
			法式面包专用粉	高筋面	全麦粉	低筋面	黑麦粉	其他
硬面包	长棍面包(P48)/法式小餐包(P52)	直接发酵法	○					
	法式乡村面包(P59)	间接发酵法	○				○	
	黑麦面包(P63)	间接发酵法	○				○	
	农夫面包(P66)	间接发酵法	○		○		○	
	布里面包(P68)	间接发酵法	○					
	全麦面包(P70)	间接发酵法	○		○			
	皇冠赛门餐包(P72)	直接发酵法	○			○		
	瓦伊森面包(P76)	直接发酵法	○					
	瑞士黑面(P79)	直接发酵法	○				○	
	芝麻餐包(P82)	间接发酵法	○		○		○	
	意大利拖鞋面包(P85)	间接发酵法	○					
	西西里面包(P88)	直接发酵法						硬粒小麦粉
	托斯卡纳无盐面包(P90)	间接发酵法	○					
半硬面包	德式汉堡(P94)	直接发酵法	○					
	德式长棍面包(P97)	直接发酵法	○					
	土耳其芝麻圈(P100)	直接发酵法	○					
	意式风味派(P102)	直接发酵法	○					
	脆皮虎皮面包(P104)	直接发酵法	○					
软面包	软面包奶油卷餐包(P108)	直接发酵法		○				
	硬质面包(P112)	直接发酵法		○				
	维也纳面包(P114)	直接发酵法	○					
	牛奶餐包(P117)	直接发酵法	○					
	辫子面包(P120)	直接发酵法	○					
	德式面包排(P124)	直接发酵法	○					
	夹心面包、奶油面包、曲奇面包、菠萝面包(P126)	间接发酵法		○		○		
	布里欧面包(P133)/法式葡萄干面包(P136)	直接发酵法	○					
	德式切块糕点(P138)	直接发酵法	○					
	小甜面包(P141)	直接发酵法		○				
	咕咕霍夫面包(P144)	直接发酵法		○				
多层面包	模具面包山形面包(P148)	直接发酵法		○				
	硬吐司(P152)	直接发酵法	○	○				
	法式面包心(P154)	直接发酵法	○	○				
	全麦面包(P157)	直接发酵法		○	○			
	核桃仁全麦面包(P160)	直接发酵法		○	○			
	葡萄干面包(P162)	间接发酵法		○				
特殊面包	牛角面包(P166)/法式巧克力面包(P170)	直接发酵法	○					
	丹麦油酥点心面包(P172)	直接发酵法	○					
油炸面包	油炸面包面面包圈(P178)	直接发酵法		○		○		
	柏林人面包(P182)	间接发酵法	○					
	咖喱夹心面包(P185)	直接发酵法		○		○		
特殊面包	德国碱水扭花面包(P190)	直接发酵法	○					
	意式面包棒(P194)	直接发酵法	○					硬粒小麦粉
	英式玛芬面包	直接发酵法	○					
	硬面包圈	直接发酵法	○			○	○	
	硬粒小麦粉	间接发酵法	○					
小麦黑面包	德式圣诞面包	间接发酵法	○				○	
	酸味面包黑麦面包	间接发酵法	○				○	
	柏林田园风味面包	间接发酵法	○				○	
	优格布洛特面包	间接发酵法	○				○	
自家发酵面包	天然酵母麸皮面包	间接发酵法	○					
	苹果酵母面包(P229)	间接发酵法	○		○		○	
	潘纳多妮面包(P232)	间接发酵法	○					

	砂糖	食盐	脱脂粉乳	油脂脱脂			奶粉油脂酵母			鸡蛋	麦芽提取物	其他食材
				黄油	起酥油	其他	高活性干酵母	鲜酵母	自制酵母、其他			
		○					○				○	
		○					○				○	
		○					○				○	葡萄干、核桃仁
		○		○			○				○	
		○			○			○			○	
		○			○		○				○	
		○	○	○			○				○	
	○	○		○			○				○	
		○	○	○			○				○	
		○					○				○	
		○	○				○				○	
		○					○					
							○				○	
	○	○	○		○		○			○		
		○	○	○				○		○	○	
		○	○	○			○			○		
	○	○				橄榄油		○		○		
	○	○	○		○			○		○		
	○	○	○	○				○		○		
	○	○	○	○	○			○		○		
	○	○	○	○	○			○		○		
	○	○	○	○				○		只有蛋黄		
	○	○	○	○				○		○		葡萄干
	○	○	○	○				○		只有蛋黄		
	上白糖	○	○	○	○			○		○		炼乳
	○	○	○	○				○		○		
	○	○	○	○				○		○		
	上白糖	○	○	○	○			○		只有蛋黄		
	○	○	○	○				○		只有蛋黄		干果
	○	○	○	○				○		○		
		○	○		○		○				○	
	○	○	○	○				○				
	○	○	○	○				○				核桃
	○	○	○	○	○			○		只有蛋黄		葡萄干
	○	○	○	○				○		○		
	○	○	○	○				○		○		
	○	○	○	○	○			○		只有蛋黄		
	○	○	牛奶	○	○			○		只有蛋黄		
	○	○	○		○			○		只有蛋黄		
		○	○		○			○				
	○	○				橄榄油		○				
	○	○	○	○				○				
	○	○						○				
	○	○	牛奶	○				○		只有蛋黄		杏仁糖霜、干果
		○						○	初种			
		○						○	初种			
		○						○	初种			
		○						○	初种			初种酸奶
		○							葡萄干发酵种		○	
		○	○						苹果发酵种		○	半干苹果
	○	○	○	○					酸奶发酵种	只有蛋黄		干果

TITLE：［基礎からわかる製パン技術］

BY：［吉野精一（エコール 辻 大阪）］

Copyright © Tsuji Culinary Research Co., Ltd. 2011

Original Japanese language edition published by Shibata Publishing Co., Ltd.

All rights reserved. No part of this book may be reproduced in any form without the written permission of the publisher.

Chinese translation rights arranged with Shibata Publishing Co., Ltd., Tokyo through Nippon Shuppan Hanbai Inc.,Tokyo

本书由日本株式会社柴田书店授权北京书中缘图书有限公司出品并由煤炭工业出版社在中国范围内独家出版本书中文简体字版本。

著作权合同登记号：01-2016-2425

图书在版编目（CIP）数据

面包/（日）吉野精一著；于春佳译. --北京：

煤炭工业出版社，2016（2024.3重印）

ISBN 978-7-5020-5294-2

Ⅰ.①面… Ⅱ.①吉… ②于… Ⅲ.①面包—制作

Ⅳ.①TS213.2

中国版本图书馆CIP数据核字(2016)第132360号

面包

著　　者	（日）吉野精一		译　　者	于春佳
策划制作	北京书锦缘咨询有限公司			
总 策 划	陈 庆		策　　划	李 伟
责任编辑	马明仁		特约编辑	郭浩亮
设计制作	柯秀翠			

出版发行　煤炭工业出版社（北京市朝阳区芍药居35号　100029）
电　　话　010-84657898（总编室）
　　　　　010-64018321（发行部）　010-84657880（读者服务部）
网　　址　www.cciph.com.cn
印　　刷　昌昊伟业（天津）文化传媒有限公司
经　　销　全国新华书店

开　　本　787mm×1092mm¹/₁₆　　印张　15¹/₂　字数　350千字
版　　次　2016年9月第1版　　2024年3月第12次印刷
社内编号　8151　　　　　　　定价　98.00元